U0336192

Richard Templar

泰普勒法则丛书

万事法则

创造一切可能

［英］理查德·泰普勒 著

高宏 译

The
Rules of
Everything

机械工业出版社

CHINA MACHINE PRESS

本书的内容涵盖了你的生活、我的生活、每个人的生活中的几乎全部领域。不论你是在工作中还是在人际交往中，无论是为人父母还是理财，本书都将告诉你保持快乐和践行成功人士的行为方式需要遵循的法则。本书不仅包含了职场人士应该遵循的管理的法则、工作的法则，而且还包含了为人父母应遵循的育儿的法则，成为财富精英的财富法则，成为情感经营高手的相爱的法则，甚至还包含有关提升自我认知和思考能力的思考的法则，等等。你可以根据这些常识性法则，让自己变得更快乐、更成功。

本书中文简体字版由Pearson Education（培生教育出版集团）授权机械工业出版社在中国大陆地区（不包括香港、澳门特别行政区及台湾地区）独家出版发行。未经出版者书面许可，不得以任何方式抄袭、复制或节录本书中的任何部分。

本书封底贴有Pearson Education（培生教育出版集团）激光防伪标签，无标签者不得销售。

北京市版权局著作权合同登记号 图字：01-2022-4615。

图书在版编目（CIP）数据

万事法则：创造一切可能 /（英）理查德·泰普勒（Richard Templar）著；高宏译. —北京：机械工业出版社，2024.4

书名原文：The Rules of Everything

ISBN 978-7-111-75455-8

Ⅰ.①万⋯ Ⅱ.①理⋯ ②高⋯ Ⅲ.①成功心理 – 通俗读物 Ⅳ.①B848.4-49

中国国家版本馆CIP数据核字（2024）第061365号

机械工业出版社（北京市百万庄大街22号　邮政编码100037）
策划编辑：坚喜斌　　　　　　责任编辑：坚喜斌　陈　洁
责任校对：郑　雪　宋　安　责任印制：张　博
北京联兴盛业印刷股份有限公司印刷
2024年5月第1版第1次印刷
145mm×210mm·9.125印张·1插页·192千字
标准书号：ISBN 978-7-111-75455-8
定价：59.00元

电话服务　　　　　　　　　网络服务
客服电话：010-88361066　　机 工 官 网：www.cmpbook.com
　　　　　010-88379833　　机 工 官 博：weibo.com/cmp1952
　　　　　010-68326294　　金 书 网：www.golden-book.com
封底无防伪标均为盗版　　　机工教育服务网：www.cmpedu.com

序　言

欢迎来到《万事法则：创造一切可能》。这个书名听起来很宏大，对吧？什么？万事？好吧，这些并不是有史以来的或可能有的所有法则，但它们确实涵盖了你的生活、我的生活、每个人的生活中的几乎全部领域。

法则？带有大写字母 R 的法则（Rules）是什么意思？是这样，近二十年前，我写了一本名为《工作：从平凡到非凡》（*The Rules of Works*）的书，其中涵盖了一百条左右重要的不成文的法则，这些法则都是职场宝典，介绍了一些职场人士应该拥有的态度和心态，但没人会告诉你这些。我是那种喜欢在生活中观察别人的人，这些都是我在自己的工作生涯中观察并总结出的法则，我自己也成功地运用了这些法则。最终，我辞去了在一家公司的全职工作，去做其他事情，包括写作。这时我突然意识到，可能有人会对这些潜在的规则感兴趣，于是我就开始把它们写下来，《工作：从平凡到非凡》就这样诞生了。其中有几条法则会令你出乎意料，但大多数是你仔细想想就知道的常识。可是，我们大多数人都在忙忙碌碌地干其他事情，并没有想过这些，所以把它们全部集中在一本书中似乎是一个好主意。它们更像是一种提醒，而不是启示。

《工作：从平凡到非凡》比我想象的要成功得多——事实证明，很多人都能从中获得价值，当我听到一些读者说他们在运用这些法则后事业有了飞跃时，我感到很高兴。于是，我又写了《管理：做最重要的事》（*The Rules of Management*）。自此，这个系列就开始不断壮大，陆续问世的有《人生：活出生命的意义》（*The Rules of Life*）、《财富：管好你的钱》（*The Rules of Wealth*）、《养育：让爱不再是负担》（*The Rules of Parenting*）和《相爱：遇见更好的自己》（*The Rules of Love*）等。现在这个系列有十本书，的确几乎涵盖了生活中的所有领域。

所以，现在似乎是将该系列的精品中的精品编纂成集的最佳时机。经常阅读法则书的人都知道，一本为你的生活中某个重要领域提供一百多条法则的书是非常值得投资的。但是，并不是每个人都是父母、都在管理层工作、都以成为真正的富人为目标，如果这些主题并非你目前生活的核心，那么这十本书就是一项很大的投资。不过，这并不意味着你不想知道这些法则中的哪一条。所以，我们在这里将每本书中排名前十的法则汇集在一起，让你对所有法则有一个大概了解。

我感觉你们很想知道这些排名前十的法则是谁定下来的，当我决定把这些法则汇编成集时，我也想知道，所以我问了那些最该问的人——读者。多年以来，这些"法则玩家"一直在购买这些书，不仅在这些书的首次出版地英国，而且在世界其他地区。我收到了来自伊拉克、泰国、巴西、美国、乌干达、印度及欧洲各国读者的来信，我看了他们发的信息和帖子，并让所有关注我脸书的读者说出他们最喜欢的法则。

票数一统计出来，我就知道了每本书的哪些法则排名前十。哦，好吧，其实没那么简单，我不得不对排名进行一番策划。例如，并不总是有一个明显的界限。某一本书可能有六七条法则比较突出，接下来的六条得到的票数都相同，所以我不得不决定将这些当中的哪几条法则列入前十。另外，我想让你们看看每本书的横截面，所以如果所有的高票数法则都集中在书的同一个部分，我就会从书的其他部分选几条法则。比如，在《相爱：遇见更好的自己》中，大多数人最喜欢的法则是寻找爱情或浪漫伴侣这两个类别。可是，书中还有关于家庭和朋友等方面的内容。所以，虽然我尊重读者整体上对浪漫的一致向往，但我也从其他部分给你们找了一些奇怪的流行法则。《万事法则：创造一切可能》的书名本身就意味着要兼顾一些有用的法则——这就是它的全部的意义，所以我必须考虑到这一点。这个选集非常注重挑选一些读者很喜欢的法则，但也加入了一点我的策划，使之成为尽可能有用的一本书。

为了让了解这些事情的普通读者受益，我想补充一点：我并没有将书中那些增补部分的内容算进来。一些最新版本的书会在某个相关主题上额外增加十条法则。比如，在《人生：活出生命的意义》的结尾有十条关于快乐的法则，在《破茧：认知的深度突围》（*The Rules of Break*）的结尾也有要遵循的附加法则。如果把这些内容也列入，就太混乱了，因为只有购买了较新版本的人才能看到它们，当然，它们也只是与书的主题稍微沾边。

该系列有十部，每本书为一部。我确实考虑过该以什么顺序排列它们，但最后出版后的顺序似乎也挺好。所以，我就从《工作：从平凡到非凡》开始。在这个系列中，我默认按照这些法则在书中出现的顺序来排列它们，但如果出现更好的顺序，我也会做一些调整，如把相关的法则放在一起。

　　这些年来，我最喜欢把这些法则收集起来，看看哪些最能引起读者共鸣。如果你想和我分享你最喜欢的法则——无论是我的书中的法则还是你自己观察并总结出的法则（我并不垄断这个行业）——请与我联系。

如何使用这些法则

　　阅读一本有一百条法则的书以获得更快乐、更成功的生活，可能有点令人生畏。我的意思是，该从哪里开始？你可能会发现你已经在遵循其中的一些法则了，但怎么能指望你一下子就学会几十条新法则并开始将其全部付诸实践呢？不要惊慌，你无须这样做。记住，你无须做任何事情——如果你这样做了，那是因为你想这样做。让我们把它保持在一个可管理的水平，这样你就会继续想做下去。

　　你可以用任何你喜欢的方式来做这件事，但是，如果你想要点建议，那么我的建议是这样的：翻阅本书，挑出三条或四条你认为会对你产生重大影响的法则，或者那些在你第一次阅读到时能让你眼前一亮的法则，或者对你来说似乎是一个好的起点的法则。把它们写在这里：

只需下功夫来实践这些法则，坚持几个星期，让它们变得根深蒂固，直到成为你的一种习惯，你无须特别费力就能应用它们。很好，做得好。现在，你可以重复这个练习，再写上几条你接下来想运用的法则。把它们写在这里：

　　很棒。很好。现在你的进步真不小。按照你自己的节奏继续掌握这些法则——不用急。不久你就会发现，你已经真正掌握了所有对你有帮助的法则，而且越来越多的法则会在你身上扎根。恭喜你！你成了一个合格的"法则玩家"。

目　录

第三章　人生：活出生命的意义

第四章　财富：管好你的钱

第五章　养育：让爱不再是负担

第六章　相爱：遇见更好的自己

第七章 破茧:认知的深度突围

第八章 人际:看不见的影响力

第九章　思考：多维度判断与决策

第十章 活好：为你自己活一次

第一章

工作：从平凡到非凡

工作：从平凡到非凡

《工作：从平凡到非凡》是该法则系列中的第一本书。我曾在那种雇用了几十人、几百人甚至几千人的等级森严的公司工作了几十年。在这些公司中，几乎人人都渴望进入管理层，但从逻辑上讲，如果高层的人比底层的人少得多，那么大多数人是升不上去的。这些年来，我发现了其中的一个秘诀：除了要在工作上非常出色，最关键的是要了解那些潜藏的法则。没人会告诉你这些法则，但这些公司的高层管理人员为了能升迁，都遵循了这些法则。

我开始观察这些人，看他们为确保成功、确保受到关注、确保别人谈起他们时充满尊重和钦佩而做了什么和不去做什么，这些是他们之间的共性。于是，我也开始做同样的事情，令人意想不到的是，我发现自己也得到了提拔，有时甚至会连升好几级，并最终去监督、管理那些曾经是我老板的人。这都是因为我学会了遵守法则。

《工作：从平凡到非凡》分为十章：

言行如一

随时面对别人的评头论足

制订计划

不说好话就闭嘴

照顾好自己

融入群体

先人一步

培养"外交手腕"

了解职场体系并受益其中

应对竞争

　　有趣的是，我觉得必须要删掉几条法则——所有涉及暗箱操作或背后捅刀子或彻头彻尾的欺诈行为的法则。当我对这些年来我所认识的那些使用这类方法的人进行分析时，我发现他们几乎没有一个人是成功的。当然，你可以指出某个极偶然的例外，但我看到的更多的是他们栽跟头，而不是偶然升入管理层。

　　因此，下面的十条法则是读者和我认为非常有用的。顺便提一下，本部书中得票最高的法则是"谨慎许诺，提供超值服务"，这是一条经典法则，出自"言行如一"这一章，特别受读者欢迎。"不说好话就闭嘴"一章中的法则得到的票数也超出预期，其中以"八卦可听不可传"为首。

法则
001

让你的工作受到关注

　　在繁忙喧闹的办公室中，你的工作很容易被忽视。你在努力工作，很难想起要刻意做些什么来提高个人地位、获得个人荣誉。但这很重要。你必须要出名，这样你才能脱颖而出，你的升职潜力才能得以展现。

　　做到这一点的最好方法是摆脱标准的工作常规。如果你每天要加工那么多的零件——其他人也是如此，那么再多加工些零件也不会对你有太大好处。但是，如果你向老板提交一份报告，阐述一下如何能让每个人加工更多零件，你就会受到关注。不请自来的报告是一种从人群中脱颖而出的出色方式。它显示出你反应敏捷，而且能发挥主动性。不过，这个方法不能用得太频繁。如果你让老板接二连三地看到不请自来的报告，你的确会被注意到，但方式完全错了。

　　当然，让你的工作受到关注的最佳方法是你在工作中表现非常出色。而做好工作的最佳方法就是全身心地投入到工作中去，忽略其他任何事情。很多人以工作为名勾心斗角、散布闲言碎语、耍手段、浪费时间、社交。这不是工作。如果你能全神贯注地工作，那么跟其他同事相比，你就已经具备了更多优势。"法则玩家"会保持专注状态。请把心思放在手头的任务上（因为你的业务能力很强），不要分心。

你必须坚持某些法则

只偶尔提交一份报告。

一定要确保你的报告会真正发挥作用

——会带来好处或利益。

确保你的名字出现在报告显眼的位置。

确保报告不仅会被你的老板看到，

也会被他的老板看到。

记住：不一定是一份报告

——也可以是公司通信中的一篇文章。

———————

不请自来的报告

是一种从人群中脱颖而出的出色方式。

法则
002

绝不显摆你有多努力

看看像理查德·布兰森（Richard Branson）这样的人。人们总是看到他在游玩：乘热气球、住在改装的驳船上、飞往美国。你从未看到他坐在办公桌前接听电话或处理文件。但在他工作的某些时候，这些正是他必须做的事情。我们只是没有机会看到而已。于是，我们以为他是一个商业上的花花公子、一个逍遥自在的企业家、一个寻欢作乐的人。这个形象不错，而且他似乎很乐意配合——为什么不呢？

这就是无畏的"法则玩家"想要培养的那种形象——潇洒、从容不迫、放松、慵懒、一切尽在掌控、非常冷酷。你从不跑动，从不惊慌，甚至似乎从不着急。是的，你可能每天熬夜到凌晨，但你永远不会承认这一点，永远不会让人知道，永远不会抱怨你的工作有多辛苦或你投入多少时间。在外人看来，你漫不经心、轻松自在、泰然自若。

很明显，要做到这点，你必须精通自己的业务，否则，你就会在尝试这个法则时吃亏。那么，如果你并不精通自己的业务，该怎么办？工作到深夜，提升业务能力。学习、研究、获得经验和知识、阅读、提问、修改、分析、补习，直到你对该工作了如指掌。首先你要做到这点，然后你就可以悠然自得地游走，一副很酷、很放松的样子。

在这个法则内还有几条法则

永远不要要求延长最后期限。

永远不要求助：永远不要承认某事超出你的能力范围——你可以请求得到指导、建议、信息和意见，但永远不要求助。

永远不要抱怨你有多少工作要做。

学会强硬一点，这样你就不会超负荷工作——这并不是要让别人知道你的工作有多辛苦，而是你不必做得太多，不必过度劳累。

永远不要让人看到你在出汗。

始终寻找能减轻工作量的方法——在不知不觉之中——以及加快工作进度的方法。

———————

要做到这点，
你必须精通自己的业务。

法则
003

设定个人标准

你晚上睡觉吗？我知道我会睡觉，但我会设定一些个人标准，而且永远不会违反这些标准。

我不会在追求事业的过程中故意伤害或阻碍另一个人。

我不会故意违反任何法律来促进我的事业发展。

我一定要有一个无论如何都要遵守的道德准则。

我将努力通过我的工作为社会提供积极的贡献。

我不会做任何让我羞于向我的孩子谈起的事情。

我将在任何时候都把我的家庭放在第一位。

我不会在晚上或周末工作，除非是紧急情况，并且我已经与我的伴侣讨论过。

我不会在找新工作的过程中不公平地陷害任何人。

我会始终努力把用完的东西放回原处。

我将自由、公开地把任何技能、知识或经验传递给任何可以使用它们的人，使他们在同行业中受益——我不会为了拥有信息而独占信息。

我不会嫉妒其他人在同一行业取得的成功。

我将不断质疑我所做的事情的长期影响。

我将在任何时候都按法则行事。

这个行为准则是我个人的一套标准。它可能不适合你。你可能需要或已经有了一套更好的标准。我希望你不要选一套更差的。我们必须努力在任何时候都做到尽善尽美。

————

我们必须努力在任何时候
都做到尽善尽美。

法则
004

为你自己开拓一席之地

我曾经和一位同事共事，他有一项了不起的个人技能：对客户的情况了如指掌，而这是我无法做到的。他似乎总是知道客户孩子的名字，客户去哪里度假、生日是哪天，以及客户的配偶的生日、客户最喜欢的音乐和餐馆。因此，如果你必须与某个特定的客户打交道，你就去找迈克，礼貌而谦逊地问他是否可以给你一些小道消息，好让你跟客户打成一片。迈克已经为自己开辟了一片天地。没有人要求他成为一部关于客户好恶的行走的百科全书。这并非他的职责的一部分。这需要做大量的工作、付出别人看不见的努力。但这是一笔非常宝贵的财富。没过多久，区域主管就听说了迈克所做的这些额外努力，并迅速将他提拔到管理层，势如破竹、史无前例。就这么简单。我说的虽是"简单"，但实际上需要大量的工作和超常的智慧。

开辟一个新天地意味着发现一个别人未曾发现的有用领域。它可能很简单，如在制作电子表格或写报告方面表现出色，也可能像迈克一样知道一些别人不知道的事情，还可能是在安排轮值表、做预算或理解系统方面很出色。千万不能让自己成为不可或缺的人，否则这条法则会适得其反。

为自己开辟一片新天地往往会使你脱离正常的办公室活动范围。你可以多走动、经常离开办公室，而且不必向任何人解释你在哪里或在做什么。这使你从人群中脱颖而出，赋予你独立、优越的品质。我曾经自愿编辑公司的新闻通讯（牢记上一条法则），可以在我们的七个分支机构之间随意游走。当然，我总是确保我的工作能按时完成，而且完成得很出色。

为自己开辟一个天地常常意味着你会被你的老板以外的人——其他老板——注意到。这些老板们会聚在一起，会谈论很多东西。如果他们提起你的名字，那一定是件好事——"我看到里奇一直在忙着做一些真正原创的市场分析"。如果你的老板想赢得同行的认可，就很难不提拔你。如果其他老板认为你的点子不错，那么你的老板就真的要顺势而为。

如果其他老板认为你的点子不错，
那么你的老板就真的要顺势而为。

法则
005

谨慎许诺，提供超值服务

如果你知道你可以在周三之前完成某项工作，那就说周五可以完成。如果你知道你的部门需要一周时间来完成某个任务，那就说需要两周才能完成。如果你知道让新机器安装和运行需要额外增加两个人，那么就说需要三个人。

这并不是不诚实，只是谨慎。如果有人发现你这样做，那就公开、诚实地承认这一点，说你总是会在计算时设立一个偶然百分比。他们不可能为这个杀了你。

这就是第一点：低承诺。并不是说因为你说过周五或两周或其他什么，你就要磨洋工、用完全部时间。哦，不。你必须要做的是一定要提前兑现——在预算范围内，并且比承诺的做得更好。这就是第二点：高兑现。这意味着如果你承诺在周一第一时间完成报告，那周一它就已经完成，但它又不仅仅是一份报告，它还包含了新办公场所的完整实施计划。或者，如果你说你会在周日晚上之前把展台搭建好并运行起来，而你只增加了两名工作人员，那么你做到了，而且还做到了成功地让你们的主要竞争对手退出展会。或者，如果你说你会在下次会议前为公司的新网站撰写一份粗略的提议，那么你不仅写好了这份提议，还给出了网站地图、图形样本、草拟的文本、拍摄好的所有照片及全部设计费用和搜索引擎优化（SEO）建议。当然，你必须小心，不要做得太出格——做一些超出你的职责范围的事情。我相信你懂我的意思。

同样地——我可能在说废话——不过当你这样做时，不要太明目张胆，否则你的老板就会期待它——它应该是一个惊喜，而不是一个经常使用的策略。

有时装傻也有用。你可以假装并不真正了解一些新的技术或软件，但实际上你对它了如指掌。然后，当你突然在电子表格上做了所有预算，而别人却做不到时，你就显得很厉害。如果你事先说"哦，是的，我知道，我在上一个地方用过这些电子表格"，那就不会有什么惊喜了，你放弃了比赛和你的优势。

当你低承诺、高兑现时，必须有一个底线。就你而言，作为一个"法则玩家"，这个底线很简单，就是永远不要延迟兑现或兑现不足。就是这样。如果你必须流血流汗、通宵工作，那就这样做吧。你一定会在你说的时间兑现——如果可以的话，提前兑现——没有例外。与其让别人失望，不如一开始就协商好更长的兑现时间。很多人是如此热衷于被喜欢或被认可、被赞扬，以至于他们会同意对方提出的第一交付时间——"哦，是的，我可以做到"，然后他们未能做到。他们先是看起来像个好说话的人，最后则是个无能的人。

———————

永远不要延迟兑现或兑现不足。

法则
006

制定长期目标，实现梦想

你的人生规划是什么？不知道？你从没想过这个问题？大多数人都不知道。这就是他们失败的原因。如果你没有规划，就很容易坚持不下去，最后就会像在生活的漩涡中漂流的浮萍一样，漂到哪里就是哪里，多可悲。"法则玩家"都有一个规划——长期的和短期的。

长期规划可以非常简单，如取得资格、向上发展、达到顶峰、退休、死亡。它也可以很理智、很有用。如果你打算从事某个职业，那么研究你所选择的行业的策略就很有意义。当然，你必须为意外情况和"无法控制的情况"建立某种应急机制，但精明的"法则玩家"在看到信号、读懂迹象后，就已经预先修正好他们的长期规划了。我最近和一个人交谈时，他说："当时谁会预测到裁员呢？"答案是：任何有头脑的人都能看到他们的行业在朝哪个方向发展。

因此，研究一下你所选择的行业，看看达到你想要的职位需要走哪些步骤。谋划一下你需要做些什么来实现这些步骤。计算出需要多少个步骤——通常不超过四个——初级、中级、高级、主管（如果你志不在此，就不要写了）。

弄清楚你想从每个步骤中得到什么——可能是获得经验、行使职责、学习新技能、了解对人的管理，诸如此类的事情。你会注意到，"增加收入"在这里连个选项都不是——无论如何，如果你是个"法则玩家"，这就是一个必然的结论。

弄清楚每一步是如何进行的——可能是调到另一个部门、搬迁到另一个分支机构、跟合作伙伴合作、受邀请加入董事会、跳槽到另一个公司，诸如此类的事情。一旦你知道每一步是如何进行的，就很容易想出需要怎么做才能获得这些。

必须有一个终局游戏——最终目标。这个目标可以很高，也可以很极端——首相、首席执行官、世界上最富有的人等。它是一个梦想，因此没有限制。如果你给自己的想象力设限，那么你就无法做到尽如人意、十全十美、实现全部价值，就不得不将就。但你说咱们必须现实一点。好吧，我们就这么做，现实一点。但是，一个"法则玩家"的目标是追逐极致的梦想，没什么比顶级的东西更好。

―――――――

如果你没有规划，就很容易坚持不下去，
最后就会像在生活的漩涡中漂流的浮萍一样，
漂到哪里就是哪里。

法则
007

八卦可听不可传

"你知道吗，在上次公司会议期间，有人看到会计部的拉吉在周日凌晨从市场部的黛比的卧室里出来。这已经是他们两次在午餐时间出现在路易吉餐厅。凯西发誓说看到他们在电梯里牵手。你知道，拉吉已经结婚了，而我以为黛比已经订婚了。你怎么看？他们应该像这样继续下去吗？"

回答："这跟我有什么关系？"

很好，这与你无关，除非拉吉恰好是你的老板，他的工作受到了影响，或者你恰好是黛比的未婚夫。这条法则说的是不要说闲话。它并没有让你不听。你可能会发现闲话很有趣，而且有时候知道发生了什么会很有用。但是，这条法则有一个非常简单的内容：不要传任何闲话。就是这样。让流言蜚语在你身上停止。如果你听到闲话，但不去传闲话或评头论足，你就会被视为"自己人"，而不是一个在聚会上令人扫兴的人。你无须让人知道你不赞成——只要不传任何闲话就行。

说闲话是闲人——那些没有足够工作要做的人——的职业。它也是那些从事无须动脑筋的工作的人的领地——他们在工作时无须思考，因此不得不用无意义的闲谈、絮絮叨叨、谣言、谎言和恶意的故事来填满自己。麻烦的是，如果你不加入，他们就会认为你很严肃、傲慢。你得表现得像是在说闲话，但其实并没有这样做。不要显得很自命不凡，然后告诉每个人他们这样做是多么的愚蠢。

对于大多数事情，谨慎是关键词。不要让人看到你不赞成——只是不去传闲话，把它留给自己。随着时间的推移，人们会注意到秘密在你身上停止，而这本身就对你有利。他们不仅会尊重你，还可能会向你倾诉。你永远不会滥用这些秘密，但如果你能在不损害告密者的情况下利用它们，那么，这有时也会对你有利。

————

这条法则有一个非常简单的内容：
不要传任何闲话。

法则
008

这只是一份工作，不要被情绪裹挟

说了这么多，做了这么多，它只是一份工作而已。它不是你的健康、爱情、家庭、孩子、生活或灵魂。顺便说一下，如果它是这些东西中的任何一个，那么你真的在这条路上走得很糟糕。

你的工作只是一份工作而已。是的，我知道你需要钱。但这只是一份工作，你还有其他事情要做。

但是，你会惊讶地发现，很多时候人们之所以像上面这样做，往往是因为他们度过了糟糕的一天。是的，他们可能有那么一阵子一直过得很糟糕。但如果分开来看，那只是个糟糕的一天而已。你必须学会不再担忧，放松下来，别把它看得那么严重，多享受一下，客观看待事物。

在工作中遇到不顺心的事，不应该让你

失眠	厌食	失去性欲	烟酒无度
更易怒	抑郁	有压力	滥用药物

找个爱好，过好自己的生活。你必须为生活而工作，而不是为工作而生活。不要把工作带回家，要学会强硬、学会说不。把家庭放在第一位。花时间陪伴你的孩子，他们会成长得很快，如果你努力工作，你会错过他们宝贵的童年。相信我，我已经看到我的孩子长大了，他们成长得太快，让我害怕。当时可能看起来很慢、让人有压力，但倏忽间就过去了，再也回不来——你错过了孩子的成长，因为你晚上在处理文件或在周末参加另一个无聊的会议。

只是一份工作而已！

你必须学会不再担忧，放松下来，
别把它看得那么严重，多享受一下，
客观看待事物。

法则
009

别挑理，激怒别人不如专注自己

　　午餐时间他们又要去酒吧了。但你讨厌这样。你讨厌那些噪声、气味和关于昨晚电视节目的无意义的闲聊。

　　要告诉他们这些吗？不，不要。你要成为人群中的一员，融入其中。你要让他们认为你在那儿，即便身体不在，精神也在，而其实你不用待在那儿。很简单。你可以说要去购物、拜访朋友、健身，然后就可以走开了。

　　不要对他们度过午休时间的方式不满，这会让他们把你当成一个局外人；也不要告诉他们你要留在办公室里赶工，他们会认为你是个讨厌鬼。但你可以说你要去买点东西，然后找个好地方，把车停在那里，喝杯饮料，吃个像样的三明治——还要带上你的笔记本电脑。你可以完成所有这些额外的工作，但不必让他们知道。

　　不要告诉他们你认为在午餐时间喝酒是不健康的，也是没有成效的。告诉他们你一会儿就来，让他们先开始——"帮我拿一杯"。这样一来，这群午餐时间去酒吧的人就会接受你，把你当成"他们中的一员"，而其实你并不需要成为其中的一员。如果你不反对的话，你就会被他们接受。

或许他们也会在周二晚上一起去打保龄球。不，不要说"打保龄球的都是怪胎"。相反，你可以说："啊，周二晚上？不好意思，我每周二晚上都要陪我妈妈去看电影。"或者放下你的骄傲和原则、忍住不满，真的去。谁知道呢，也许你会玩得很开心。你会融入他们，但不会表现出不同意他们的做法。这是聪明之举。

他人如何度过休息时间、如何花钱、如何生活与你无关。聪明人会专心走自己的路，不去管别人选择了什么路线。盯着你要去的地方，不去理会别人在做什么。不去理会，你就更容易不去评判。一旦评判，你就会对自己进行分类，这就使你更难做到灵活，更难在各种情况下应对自如。评判别人反过来也会让你把自己关进鸽子笼——这可不是一个好地方。

聪明人会专心走自己的路，
不去管别人选择了什么路线。

法则
010

让别人觉得你就是老板

表现得像个总经理，人们就会认为你是个总经理；表现得像个办公室小职员，人们就会认为你是个小职员。那么，我们如何让人们做出这种假设呢？

要自信、坚定，说起话来要成熟："是的，我们可以做到这一点。我会确保我们立即着手进行这项工作。"

如果你穿着运动鞋和运动服来上班，就不会得到穿着干练的商务套装来上班的人所得到的那种尊重。

不要总是说"我"，不要把每个问题都跟自己关联起来，看它对自己有什么影响。"我不能在午休时间工作，我有权享受一小时的休息时间。"相反，你要说"我们"，从公司的角度看问题，看什么是对整个公司最好的："我们现在需要通力合作，我很乐意在午休时间工作来帮助我们解决这个问题。"

如果你谈论你昨晚看了什么电视节目、要去哪里度假、周末要做什么，就会显得更无足轻重——因此也显得资历很浅，不如谈论公司的问题、你的部门的未来计划、利率的变化将如何影响未来几个月的业务及你们要对汇率做些什么。

基本上，你要做的是让人们认识到你是一个重量级人物，而不是一个无足轻重的人。你要严肃、成熟、有成年人的样子。这并不意味着你得是个怪胎、书呆子、老好人或无聊的人。你仍然可以开玩笑、开怀大笑、面带微笑、轻松愉快、快快乐乐、生机勃勃。你要塑造一个成熟但有趣的形象。

你要让人们认识到你

了解这个工作

有经验

认真

可靠、负责

值得信赖

从事的是你想从事的工作

所以，你要信步闲游，要看起来很潇洒、很酷、很时尚、很成熟，该发声时就发声，一定要在得到你想要的工作时让人感觉你已经在做这份工作了。

———————

你要严肃、成熟、有成年人的样子。

第二章

管理：做最重要的事

管理：做最重要的事

　　《工作：从平凡到非凡》讲的是那些你刚一从学校毕业或刚一结束培训就对你起作用的法则，而且无论你担任什么职位，它们都会一直为你服务。在我的职业生涯中，我曾观察到很多这样的法则，所以我就写了这部书。然而，还有很多法则是只有在你领导自己的团队的时候才真正需要学习的。不过，如果你遵循《工作：从平凡到非凡》，那可能很快就会实现这一点，如此说来，我也需要写《管理：做最重要的事》了。

　　在我看来，这些法则可分为两大类。首先是一些关于管理他人的法则。这是身为一名管理者的本质：你要对其他人负责。是，对他们的工作负责，但也对他们的动力、福利、权利及与团队其他成员合作的能力负责。

　　这些人可能不是你任命的，你甚至可能不是特别喜欢他们。但你的工作是让他们发挥出最佳水平——作为一个团队，而不仅仅作为个人。要做到这点，有很多不为人知的法则。有些法则一经指出就可能让人觉得浅显易懂，可如果它们真那么浅显易懂，那每个经理都会遵守它们，但事实肯定并非如此。因此，《管理：做最重要的事》的第一部分便阐述了管理团队的相关法则。

其次——也是这本书的第二部分——是一些关于管理自己的法则。当你成为一名经理后，突然间你不但要做好自己的工作，同时还要担心你的团队中的其他成员。这本身就像是在玩杂耍，虽然所有的工作法则都仍然适用，但你突然需要掌握很多新技能。可是，没人会告诉你这些技能是什么。你的老板可能会派你去参加管理培训班和周末的领导力活动，但仍会有很多法则是他们不会告诉你的，而成功的管理者都在遵守这些法则。所以，你最好也遵守这些法则。

你现在是三明治中的馅料，是你的团队和上级领导之间的缓冲区。你必须向老板讲述你的团队的表现，坚守你的部门的权力，并在公司中进一步代表他们的利益。同时，你必须在你的团队面前捍卫老板改变工作方法或削减预算或重组的决定。你必须要做到这一点，而且不能说任何一方坏话，你要保持对双方的尊重，这是一门艺术，你得寻求一切帮助来获得它。换句话说，你需要《管理：做最重要的事》。

这本书里的法则很广泛，涵盖了两个部分——为团队制定的法则和为你自己制定的法则。我很想知道哪些法则受到读者的青睐。有两条法则得到的选票最多："让成员从情感上参与进来"和"回家"。在任何形式的培训中，很少有经理人被告知这两条法则中的任何一条，但为了做好工作，每个经理人都需要知道并遵守这些法则。

法则
011

让成员从情感上参与进来

你管理的是人，有工作报酬的人。但如果这对他们来说"只是一份工作"，你将永远无法对其人尽其用。如果他们来工作时只想打卡上班、下班，中间能少做则少做，那么我的朋友，你就注定要失败。相反，如果他们来工作是为了让自己愉悦，希望得到锻炼、挑战、激励和参与，那么你就有很大机会对他们人尽其用。问题是，从繁重无聊的工作到超级团队，这一转变完全取决于你。启发他们、领导他们、激励他们、挑战他们、让他们投入情感的人是你。

这很好。你自己也喜欢挑战，不是吗？好消息是，让一个团队在情感上投入是很容易的。你要做的就是让他们在意他们正在做的事情。而这也很容易。你必须让他们看到他们所做的事情的相关性：如何对人们的生活产生影响？如何满足其他人的需求？如何通过工作来接触、感动人们？你要让他们相信——当然这是真的——他们所做的事情是有意义的，他们以某种方式为社会做出了贡献，而不仅仅是鼓了老板或股东的腰包，或者确保首席执行官得到一张丰厚的工资支票。

是的，我知道如果你管理的是护士，而不是广告销售团队，就更容易证明他们的贡献了，但是如果你仔细想一想，就可以在任何角色中找到价值，无论团队中的人做什么工作，你都能向他们灌输自豪感。证明一下？好的。比如，那些销售广告版面的人正在帮助其他公司——其中一些可能是非常小的公司——进入他们的市场。他们正在提醒潜在的客户关注那些可能已经想了很久、可能真正需要的东西。他们正在维持报纸或杂志的运营——及其员工的就业——因为它靠的是广告销售收入，而且该杂志或报纸为购买它的人或提供信息、或带来快乐（否则他们就不会买）。

让他们在意自己的工作，因为这是一件很容易做到的事情。听我说，这是一个既定事实。每个人内心深处都希望被重视，希望自己是有用的。愤世嫉俗者会说这是胡说八道，但这是真的，从根本上说是真的。你要做的就是探到足够深的地方，如此就会发现在意、感情、关心、责任和参与。把所有这些东西都拎出来，它们会永远跟着你，甚至都不知道为什么要这样做。

哦，只是要确保当你在你的团队中尝试这一点之前，你已经先说服了自己。你相信你所做的事情会带来积极的影响吗？如果不确定，那就向下找寻，在内心深处，找到一种在意的方式。

你要让他们相信——当然这是真的——
他们所做的事情是有意义的。

法则
012

接受团队的局限性

有效地将一个团队融合在一起意味着你需要几个不同的部分，或团队成员。我们中的一些人擅长某些事情，另一些人则没那么擅长。如果人人都一样，就无法作为一个团队工作——人人都是领导者或都是追随者。你需要的是一种组合，而不是非此即彼。

因此，如果你的团队中有些成员不是领导者（或追随者），你必须接受这一点。如果有些人擅长数字处理，而其他人不擅长，你必须接受这一点。如果有些人擅长在没有监督的情况下工作，而其他人不擅长，你必须接受这一点。

为了能够接受这些事情，你必须很好地了解你的员工。你要了解他们的长处和短处、优势和劣势。如果不这样做——我相信这一点也不适用于你——你就会永远试图把圆钉子塞进方孔，反之亦然。

不是每个人都像你一样聪明、有决心、有野心、机灵或有动力——这的确是我对你的赞美，不过请看下一条法则——但你必须接受这点。你的团队中的一些人很可能是榆木疙瘩，如果他们根本没有希望改变，你可能要明智地选择裁员。但不要匆忙行事。你可能并不需要一个由天才组成的团队（事实上，如果你的员工觉得工作对他们来说是小菜一碟，他们就会很快离开）。

假设你的团队包含机器操作员或行政助理，而你不需要这些优秀的人拥有爱因斯坦的大脑，也不需要他们在做头脑风暴时反应灵敏，但你确实需要他们能够几个小时集中精力做一件会让你我都发疯的工作。只是你不要指望他们能插上创意的翅膀，带着新思想、新想法或新技术展翅高飞。你必须接受他们的局限性，并因为他们有这些局限性而喜爱他们，因为这些局限性是他们的参数；利用好这些参数，你就可以把他们身上最好的东西挖掘出来。当你在做这件事的时候，快速检查一下你自己的局限性。是什么呢？你没有任何局限性？得了吧。

如果人人都一样，就无法作为一个团队
工作——人人都是领导者
或都是追随者。

法则
013

鼓励团队

如果你不让他们知道你对他们很满意，他们就会枯萎。他们来上班的原因有很多，不管他们跟你说什么，其实大部分都与钱无关。在他们那份不成文的、未言明的、未宣布的清单上，最重要的是"来自老板的赞美"。顺便说一下，这个老板就是你。

他们或许会称其为"认可"或"承认"或"感觉我做得很好"——但他们怎么知道？他们知道是因为你告诉了他们。

你可以事后赞扬他们，等到他们已经做得很好再告诉他们：他们做得很好；或者，你也可以提前鼓励他们——主动赞扬。在他们还没做之前你就对他们说，他们会做好。为什么要这样？因为如果你提前赞扬了他们，他们能做好的概率就会高得多。他们不想让你失望或让自己失望。

成为一名经理是一个极简主义者的梦想。你想建立一个强大的团队，而且想用最少的资源产出来实现。赞扬是免费的。它可以随时补充、不会被耗费掉、总是百分之百地有效、做起来难以置信地简单，而且不需要任何时间。

那么，为什么没有更多的管理者这样做呢？因为这需要自信心。你必须对自己有很好的感觉，才能够提前给出赞扬。如果你怀疑自己，你就会怀疑他们。如果你怀疑他们，你就不会赞扬他们，因为你确定他们会搞砸。

除了说"来吧，你可以做到，你会做好"的勇气，你什么都不需要。你给他们的责任越多，并且越信任他们、越赞扬他们、越鼓励他们，他们就会给你越多的回报。赞扬不花钱，却能为你带来大量收益。鼓励应该是必然的。

要提倡一种人人都鼓励别人的氛围——应该每天都能在你周围听到"你能做到"这句话。如果你不说，你的团队很可能也不说。你要鼓励优秀的人向不优秀的人伸出援手。在任何一个优秀的团队中，建立互帮互助的氛围都应该得到积极的鼓励和赞扬。我们都在一个团队中，应该同甘共苦。

————————

在他们还没做之前你就对他们说，
他们会做好。

法则
014

要知人善任

你必须善于找到合适的人去做合适的工作——然后让他们去做即可。好吧，我知道这条法则需要某种直觉，但我确信你知道我说的是哪种经理。他们似乎让能干的、有能力的人围绕在自己身边，然后自己似乎只是在一旁闲着，看着他们去实现目标。你也能做到这一点。这是一种特殊的才能，但你可以培养这种才能。我猜，这种技能的关键是挑选合适的人和放手——让他们独自去做。你必须特别信任对方才能做到这点；相信他们的能力，也相信你自己的能力。

你必须对你要找的人和你要找的工作有一个非常清楚的概念。例如，你可能需要一个高级客户经理。但找谁做呢？团队合作者？优秀的全能型人才？能够在奔波忙碌时做出决定的人？能够提前计划的人？了解你所在行业的怪事的人？一个会流利制作电子表格的人？能够与过度活跃的工会合作的人？

我相信你已经明白。如果你对你所需要的人及你所需要的东西有一个清晰的认识，你就可以摇身一变，成为一个似乎对找到合适的人有一种不可思议的诀窍的经理。当然，这不是诀窍，而是规划、远见、逻辑和努力工作。

我曾经犯过一个错误，就是完全被一个经理人的资历诱惑——我当时是一名总经理，想聘用一名经理——而没有认真看清他是什么样的人，只看到他干了什么。是的，他有资格证书，而且对其工作非常擅长。但他不是一个团队合作者，把一切都看成是他和其他经理之间的一种竞争。

这本身没问题，但这对我和其他经理来说行不通，因为我们都想全力合作。这个案例证明了我当时不善于寻找合适人选。我找错了人，花了很大力气才摆脱。我只能怪自己，因为我没有充分考虑我想要什么样的人。如果你不擅长这个，或者认为可以改进，那么邀请一个你尊敬的人和你一起参加面试，给你另一个视角。请找一个导师或教练来帮助你找出你真正需要的人。

——————

你必须善于找到合适的人去做合适的工作——然后让他们去做即可。

法则
015

尊重个体差异

我有几个孩子。我希望他们能像一个团队一样运作。但我也很精明，我意识到他们几个截然不同，如果我试图对他们一视同仁，实施同样的规定（纪律方面的规定除外），我得到的将是一场叛变或混乱。他们当中有一个——我在这里不提任何名字，但他们会知道我说的是哪一个——不能被催促。永远不能，怎么都不能。如果你猛推他，他就会用脚后跟死死地抓住地，一动也不动。对他必须进行诱惑、引诱、诱导，他才能快速行动起来。但另一个孩子，我则经常要劝他放慢速度。我必须尊重他们的个体差异，并与之合作。没办法，我不得不这样做。

你的团队也是如此。有些成员可以被催促，有些则不行。你需要让有些人放慢速度，而对另一些人，你则需要催促他们加快速度。有些人会带着愉快的笑容来工作，而对于有些人，你最好不要一大早就找他们做事。有些人非常擅长使用技术，有些人则不行。

看看梅雷迪斯·贝尔宾（Meredith Belbin）是怎么说团队的[⊖]，看看团队中的每个人都能提供什么不同的东西——正是这种不同让你的团队变得卓越。

对我的孩子来说，如果我需要速战速决地办成某件事，我知道该找谁。如果我需要采取一种更慢、更有条不紊的方式办成某件事，我会选择另一个孩子。

如果出了什么事，你不必因为每个人都有所不同而放过任何人——要坚守纪律方面的规定，更重要的是你对待个体差异的方式、你选择任务的方式及你期望这些任务以何种方式被执行。

我们大家各不相同（连我都意识到，如果世界上全是像我这样的人，那该多可怕），而正是这些差异使一个伟大的团队能有效地团结起来。所以，如果你正在管理一个销售团队，假如大多数成员都西装革履、能言善辩（像你一样），但有一个人喜欢穿休闲装，而且爱跟客户闲聊，不要对她留下"不合群的人"（not a company person）的印象，要根据她得到的结果来判断。如果她实现了自己的目标，而且她的客户喜欢她，那么，差异万岁。

---

*差异使一个伟大的团队能
有效地团结起来。*

⊖ 参考《管理：做最重要的事》之法则 002：了解团队是什么及团队的运行机制。

法则
016

训练员工给你带来解决方案，
而不是问题

员工很容易抱怨。我认为这已经成为他们的一种习惯。你必须训练员工，让他们不能只是抱怨。你可以允许他们抱怨，但要坚守一点：如果他们给你提出某个问题，那么也必须提出解决该问题的办法。如果有人觉得有什么事情不对或开始抱怨，你应该永远这样回应他："你想让我怎么做呢？"

我在工作中碰到过的最好的经理甚至做得更进一步，让我先把解决方案告诉他，然后让他猜测我的"问题"是什么。这就变成了一个游戏，有点意思，但它也让我们思维敏捷——让我们在抱怨时多点横向思维（lateral in our moaning）。我对保安人员有意见。我认为他们不看监控录像就把它们删掉了，而事实上监控录像并没有开。这是我的问题，因为如果发生了什么事，我就得背锅。我需要他们仔细看监控录像，但却无法想出解决这个问题的办法，我不能只是去找老板抱怨保安没有做好自己的工作。我必须先想出一个解决方案。

这时我突然意识到，我不需要去找老板，我可以自己解决这个问题。我必须要让保安人员知道监控录像中有什么值得观看的东西。我提到，有人报告说一些员工在公司的某个地方发生了性行为，这可能被监控拍下来了，但没人能确定是哪个监控器。停车场、办公室、走廊和地下室的存储区都被监控覆盖。保安人员就开始仔细看监控录像，就好像此事关乎其身家性命。我的老板很高兴，因为我在工作简报中提出了这个问题，他注意到保安的这个做法不对，打算责备我。

我想出了一个解决问题的办法，而不是去找老板抱怨说："哦，保安人员没有做好他们的工作……"诚然，一旦保安人员意识到他们不会看到任何相关录像时，我就不得不再想出一个新的解决方案，但他们在这上面花了很长时间，而且一直在回放，以防万一。

———————

如果有人觉得有什么事情不对或开始抱怨，
你应该永远这样回应他：
"你想让我怎么做呢？"

法则
017

|

努力工作

管理的基本法则恐怕就是完成基本的工作，把它做好，并在这方面埋头苦干。如果你让基本工作出现纰漏，那就别指望成为一名出色的人事经理。你可能不得不早于其他人进入办公室，比你之前到的还要早，但这是你必须做的。

一旦你把工作都清理好了，不再有障碍，就可以集中精力管理你的团队了。你必须高效、及时地完成文书工作。这里不是讨论时间管理之类的冗长培训课程的地方，但基本上你必须做到：

- 有序
- 投入
- 极度高效
- 专注

恐怕你没有选择的余地。你必须开始努力工作。管理不是四处闲逛、发号施令、摆出一副很酷的样子。它其实涉及的是后台发生的事情——在没有人看到的地方进行的工作。如果你要在不花费不必要的时间的情况下实现这一点，就必须学习这些基本的组织技能。

如果你想知道自己是否是一个好的管理者，去看看你的桌子。去吧，就现在。你看到了什么？整洁的空间？到处都是纸，东西胡乱堆在一起？同样检查一下你的公文包、文件，甚至电脑。整洁还是杂乱无章？

你必须使用手头的任何工具来确保工作能完成、完成得好且按时完成。列出清单，使用电脑上的弹出式日历，委派任务，寻求帮助，熬夜，早起。显然，你仍然需要参考法则020：回家——必须有自己的生活。但是，你要先完成工作，做到极度高效。

你必须认真对待并继续工作。

———————

你必须开始努力工作。

法则
018

要主动出击，不要被动出击

我知道，我知道，你要用全部时间来完成工作、整理文件、给植物浇水，却不必考虑未来或如何成为一个创新奇才。但是，聪明的经理人——也就是你——每周会留出三十分钟的时间进行前瞻性规划。试着问自己一些简单的问题："怎样才能产生更多的销售？""怎样做才能更合宜？""怎样才能减少员工的流失？""怎样才能将更多的线索转化为销售？"怎样才能简化会计程序？""怎样才能进入另一个行业？""怎样才能让我的团队更努力、更快速、更聪明地工作？""怎样才能让他们更自由地进行头脑风暴？""怎样才能举行不会浪费这么多时间的会议？"

有一句老话，"如果你总是做你一直在做的事情，就会总是得到你一直得到的东西"。天哪，这是真的。如果你不主动出击，就会停滞不前。如果你这样做，鳄鱼会咬你的屁股。你必须不停地划，在水中不断向前游。鲨鱼一生都要不停地向前游动，来维持自己的呼吸。它们永远不会停下来。做一只鲨鱼。不停向前游。

因为如果你不这样做，会有很多人愿意这样做。

　　相信我，我知道那是什么感觉。你打开收件箱，有大量的电子邮件需要处理。然后是文书工作。然后是员工的问题。然后是午餐。然后是下午要做的工作，然后是慌忙处理所有最新的紧急电子邮件，然后是快速喝杯茶，然后是收拾一切回家的时间。这时有个白痴告诉我，我必须从忙碌的一天中拿出三十分钟来思考未来。是的，做梦去吧。

　　但这三十分钟可以与另一项任务结合起来。我每周都要独自吃一次午饭，用这个时间来主动出击，思考未来，思考如何在竞争中领先一筹。但我必须独自出去吃那顿午餐，否则人们就会过来，然后打断我内心的规划会。

做一只鲨鱼。不停向前游。

法则
019

有原则并坚持原则

想想看，你得有原则。如果没有，你最终会鄙视自己，要么负债累累，要么锒铛入狱。此外，你最终可能也会这样，但至少你可以说："我有我的原则。"

得有一条线，你不能超越它。你得知道那条线画在哪里。别人不需要知道，但当他们要求你越过这条线时，你就可以告知他们它的存在。这条线必须是一堵十英里（1 英里≈1.609 千米）高的坚固钢墙。你不能越过它，无论如何都不能。

我有一个朋友，她的老板曾经要求她伪造一封正式的警告信，以便在法庭上出示，因为一名被解雇的员工声称遭到了不公平解雇。你会这样做吗？你认为这个人被解雇这件事是否正当？这一点重要吗？假设这名员工的确被警告过，但没有留下书面记录怎么办？假设你和你的老板都确信当时一定有书面记录，但你们现在却找不到了怎么办？在这个例子中，我并非在告诉你什么是对的或错的；我想说的是，你得知道你认为什么是正确或错误的，然后坚持自己的观点。

　　那么，你会在哪里划定你的界限？曾有人让我做一些我不喜欢的事，曾有人让我做一些让我觉得不愉快的事，也曾有人让我做一些我认为非常厌烦的事，但每当有人要求我越过我的个底线时——幸好在漫长的商务生涯中只有一两次——我都能说"不"，并且坚持到底。每一次我得到的都是赞许，而不是去就业中心。

———————

得有一条线，你不能超越它。
你得知道那条线画在哪里。

法则
020

回 家

　　我曾经跟一位经理共事过，他每天熬夜、早起、不吃午饭，上班时每一秒钟都在低头苦干。猜猜看，谁得到了晋升？对于上述这些做法，我的老板鲍勃一件都没干过。

　　鲍勃最喜欢对我说的一句话是："回家吧，理查德。你有一个年轻的家庭，在他们忘记你的模样之前，回家看看他们。要么回家，要么在他们真正忘记你之前给他们寄一张照片。"我自然就回家了。鲍勃也是如此，经常如此。事实上，他工作的时间太少了，所以他又被提升了。

　　他的秘密是什么？他的团队（我是其中一员）愿意为他做任何事情。我们付出了比他期望的还要大的努力。我们绝不愿意让他失望。鲍勃激发了团队每位成员的忠诚度，我后来很少见到他这种管理方式。他让我们所有人都感觉自己是成年人、受到信任、受到尊重。他从不对我们大喊大叫，也不辱骂、利用、强求我们，也从不让我们劳累过度或羞辱我们。我从没见过他因不得已而惩戒任何人，从来没有。他很有魅力，很迷人，很冷静，很放松。他把我们都当作小鱼来烹调。

他说他的秘密是他的家人。他为他们工作。他很喜爱他的孩子们，宁愿在家里和他们待在一起也不愿意去工作。他对他们的爱显而易见，他对自己身上的"幸福的居家男人"这一标签非常自豪。他经常谈论他的孩子和他的妻子，显然对他们非常满意。

他从不熬夜，因为这是对他的家庭的不忠。这让他很有深度。他全面发展，很平衡。他很放松，在工作中没有什么需要证明的，因为他在家里很满足。我曾与一些彻头彻尾的坏人共事，可以说他们唯一的共同点就是家庭生活不幸福。他们的大本营是溃败的，这一点表现得很明显。所以，我亲爱的朋友，回家吧！

———————

他很放松，在工作中没有什么需要证明的，因为他在家里很满足。

第三章

人生：活出生命的意义

人生：活出生命的意义

　　我在养成了记录工作法则和管理法则的习惯之后，就发现这些法则显然适用于生活中的所有领域，而不仅仅是朝九晚五这件事。我的出版商和我开始讨论将它们拓展到工作场所以外的领域，不久我就写出了《人生：活出生命的意义》。它是该系列所有书籍中最成功的一本，可能是因为其中的法则绝对适用于我们所有人。

　　当然，值得我们一生遵守的法则有一百多条，但我打算把我认为重要的法则概括出来，换句话说，就是我经常看到的那些快乐和成功的人在遵守的法则。跟这个系列所有的书一样，我也不一定能一直遵守这些法则，但我看到了它们的效果，当然我也会努力遵守——如果我做不到，通常会感到很遗憾[○]。

　　○　就我个人而言，我更难遵守那些需要耐心或克制的法则。

当我开始整理这套法则时，我发现它们可以分为四大类：

个人法则

浪漫爱情法则

亲友关系法则

社交法则

第一部分介绍了关于你自己的态度和心态的法则，其他三部分则涵盖了一些与其他人互动的法则——首先是你的伴侣，然后扩展到家庭、朋友和更广泛的社交圈。该系列很多后来出版的书都对其中的一些领域进行了扩展，例如《人际：看不见的影响力》（*The Rules of People*）。后出版的书从不同的角度探讨了这些问题，更加关注这些更具体的领域，当然偶尔也有重叠的地方（如果没有就很奇怪了）。不过，《人生：活出生命的意义》仍然对这些能让我们尽可能愉快地度过人生的最基本的法则给出了最广泛的描述。

因此，《人生：活出生命的意义》是该系列中较早出版的书之一，并且在全世界广泛发行。它的内容涉及人们整个人生。所以，毫不奇怪，总体而言，它在单条法则方面获得的选票比该系列其他任何书籍都多。因此，我必须告诉你，许多获得高票数的法则连这里的前十名都未能进入。最值得一提的必须是"改变你能改变的，其余的请放手""每天给自己留一点空间""奋斗吧，不做随波逐流的死鱼"。

我并没有刻意按照被提名的票数的多少来列出本书各部分的法则；但是，在这一部分，前三条法则得到的票数最多。

法则
021

保守秘密

你即将成为一名"法则玩家"。你即将开始一场改变生活的冒险，如果你愿意接受这个任务，这就有可能。你即将发现一些方法，可以让你无论做什么都会积极、快乐、更成功。所以没有必要对任何人透露一丝一毫。保持沉默。没有人喜欢自以为是的人。就这样，我们获得了这条法则：保守秘密。

有时候，你很可能确实想和其他人谈论你正在做的事情，因为你想和别人分享它，这很自然。好吧，你不能这样做，也不要这样做。你要让他们自己去发现，不要给他们线索。你可能认为这不公平，但其实这比你想的更公平。如果你告诉他们，他们就会退缩。这特别正常——我们都讨厌被说教。这有点像你在戒烟后突然发现新的生活方式更健康，就非要让你所有的老烟民朋友都改变看法。问题是，他们还没有准备好戒烟，你发现他们给你贴上了自以为是或自命清高的标签，甚至更糟糕，说你是个前烟民。我们都讨厌这些。

因此，本条法则很简单，就是不要说教、宣传、试图改变别人的信仰，不要公开宣布你在做的事情，甚至提都不要提。

改变生活态度后，你会散发一种温暖的光芒，人们会问你做了什么、正在做什么，你可以说没什么，只是一个阳光灿烂的日子，你感觉更好／更快乐／更有活力／更开心。没有必要深入讲任何细节，因为这并不是人们真正想知道的。事实上，他们想知道的刚好与此相反。这有点像有人问你过得怎么样。他们真正想听到的只是一个词："很好。"即使你身处绝望的深渊，他们想听到的也不过是这个词，因为再多说任何什么都需要他们的投入。对于一个随意的"你好吗"，过多的回答肯定不是对方想要的，他们想要的只是"很好"。然后，他们就可以继续做他们的事，无须再挂碍。如果你不说"很好"，而是吐露心声，他们很快就会退缩。

作为一个"法则玩家"，同样如此。没人真的想知道什么，所以你必须保持沉默。我怎么知道的？因为当我写《工作：从平凡到非凡》时，我提出了同样的建议，并发现它很有效，它让很多人认识到他们有在工作上取得成功的能力，而不必诉诸不正当的手段。只要继续做下去，悄悄地做，然后愉快地、自鸣得意地过你的日常生活即可，不必告诉任何人。

————————

不要说教、宣传、试图改变别人的信仰。

法则
022

你会变老，但不一定变得更睿智

有这样一种假设：随着年龄的增长，我们会变得更睿智。恐怕现实不是这样。实际上我们会继续做同样的蠢事，仍然会犯很多错误，只是我们犯的是新错误，跟之前不同的错误。我们确实会从经验中学习，也可能不会再犯同样的错误，但是现在有一个全新的腌菜坛子，里面装着很多新错误，它正等着我们被绊倒、跌进去。应对的秘诀是接受这点，在犯了新错误时不要自责。这条法则其实是：当你把事情搞糟时，要善待自己。你要宽恕自己，并接受这个事实：我们会变老，但不一定变得更睿智。

回首往事，我们总是能看到我们犯的错误，但却看不到那些隐现的错误。智慧不是指不犯错误，而是指学会在事后带着尊严和理智全身而退。

当我们年轻的时候，衰老似乎是发生在老年人身上的事情。但它确实发生在我们所有人身上，我们别无选择，只能接受它，与它一起前行。无论我们做什么，无论我们是谁，事实是：我们都会变老。而且随着我们的年龄的增长，这个衰老的过程似乎会加快。

你可以这样看待它——你越老，你犯过错误的领域就越多。我们总会碰上一些新领域，在这些领域中，我们没有指导方针，会处理不好事情，会反应过度，会出错。我们越是灵活、越是喜欢冒险、越是热爱生活，就越会有更多的新道路可以探索——当然也就会犯错。

只要我们回顾一下，看看在哪里犯了错，并决心不再犯这些错误，就几乎没什么需要做的了。请记住，所有适用于你的法则也同样适用于你周围的每个人。

其他人也都在变老，并没有哪个人一定变得更睿智。一旦接受了这点，你就会对自己和他人更加宽容、友善。

时间确实可以治愈你，随着你的年龄的增长，事情确实会变得更好。毕竟，你犯的错误越多，就越不可能出现新的错误。最好的情况是，如果你在年轻的时候就把很多错误都解决了，以后要吃苦头来学的东西就会更少。而这正是青春的意义所在：一个让你把所有能犯的错误都犯了，别让它们挡道的机会。

———————

智慧不是指不犯错误，而是指学会
在事后带着尊严和理智全身而退。

法则
023

———

接纳自己

如果你能接受事情已经发生了这一现实，就不会为难自己。你不可能回到过去、改变任何东西，所以必须接受现状。我这里建议你做的不是什么新时代的事情，比如爱自己——这个目标太远大了。不，让我们从简单的接受开始。接受很容易，因为它就是字面的意思——接受。你不必改善或改变，也不必追求完美，恰恰相反，只要接受就行。

这意味着接受所有的赘瘤和情绪上的磕磕碰碰，接受不好的方面、弱点等。这并不意味着我们对自己的一切都感到满意，也不意味着我们要偷懒，过一种糟糕的生活。我们先是要接受自己的真实面目，然后在此基础上继续努力。不要因为不喜欢自己的某些方面而自责。是的，我们可以改变很多，但那是以后的事。我们在此必须讲一讲这条法则，因为在这点上我们别无选择。

我们必须接受自己就是这样的人，这是所发生的一切的结果。一切就是这样。你和其他所有人一样，都是人。这意味着你相当复杂。你满载着欲望、痛楚、罪恶、过失、坏脾气、无礼、犹豫而来。这就是人类的奇妙之处：复杂。

没有谁能够永远完美。我们从现在所拥有的开始，从现在的样子开始，然后只能选择每一天都争取做得更好。这就是我们能对自己所要求的一切——做出这样的选择。要保持清醒，准备好做正确的事情。要接受有时你并不会成功。有些时候，你会像我们所有人一样，差得太远。这没关系，不要自责。让自己振作起来，重新开始。接受你将不时地失败，接受你是人。

我知道这有时会很难，可一旦你成为"法则玩家"，就会在不断改进的道路上走得更远。不要再挑剔自己的毛病，也不要为难自己。相反，接受你就是这样的人。在这个时间点上，你已经做得很好了，所以赞美一下自己，继续前进。

————

你不必改善或改变，也不必追求完美，
恰恰相反，只要接受就行。

法则
024

―――

确立毕生的追求

你要知道什么重要、什么不重要，得知道要在什么事情上倾注你的一生。当然，这个问题没有正确或错误的回答，因为这是一个非常个人的选择，但还是有一个很有用的回答——而不是茫然不知。

举个例子，我自己的人生是由两件事驱动的：①有人曾告诉我，如果我的灵魂或精神是我离开时可能带走的唯一东西，那么它应该是我拥有的最好的东西；②我奇特的成长经历。

至少对我来说，第一个问题无论如何都不属于宗教范畴。它只是触动了我的心弦，触发了一些东西。不管我带走的是什么，也许我应该对它做点什么，以确保它真的是我身上最美好的东西。这让我开始思考究竟要如何做到这一点。回答仍然是：我没有任何头绪。我一直在探索、试验、学习和犯错，一直在做一个追求者和追随者，对这个伟大的难题进行阅读、观察，并与其搏斗了一辈子。我应该如何在这个层面上着手改善自己的生活？我想我得出的唯一结论是：尽可能过上体面的生活，尽可能少地去造成伤害，尊重与我接触的每个人。这就是我倾注一生要做的事情，对我来说它是有效的。

而我奇特的成长经历如何能使我专注于倾注一生的事情呢? 好吧，我有一个"不正常"的成长经历，我决定让它激励我而不是影响我，这时我敏锐地意识到：很多人也需要抛开那种被以前的事情严重影响的感觉。这就是我对此倾注一生的原因。是的，这可能很疯狂；我可能很疯狂。但至少我有一件可以让我专注的事情，一件（对我来说）有意义的事情。

现在这些都不是什么大事情，我的意思是我不会在我的额头上刻着"圣殿骑士将他的生命献给……"之类的东西。它更多的是在我心里，静静地存在，让我全身心地投入。这是一个尺度，我可以用它来衡量我做得如何、我在做什么，以及我将去哪里。你无须大肆宣扬它，无须告诉任何人（见法则 021），甚至无须把它想得太详细。在内心做一个简单的使命声明就可以了，确定你要为之倾注一生的是什么，剩下的就容易多了。

———————

在内心做一个简单的使命声明就可以了。

法则
025

不害怕、不惊讶、不犹豫、不质疑

这条法则从何而来？它来自一个 17 世纪的武士。这是他拥有成功的生活和高超的剑术的四个关键点。

不害怕。在你的一生中，应该没有什么是你所害怕的。如果有，你可能需要做些什么来克服这种恐惧。在这里，我不得不承认我有某种恐高症。如果可以的话，我会避开高处。最近，由于排水沟漏水，我不得不爬到我家屋顶上——有三层楼高，而且一侧的落差非常大。我咬紧牙关，不断重复"不怕，不怕，不怕"，直到把排水沟修好了。哦，对了，当然我也没有往下看。无论你的恐惧是什么，都要正视它，打败它。

不惊讶。生活中似乎充满了惊讶，不是吗？你正顺顺当当地走着，突然有一个大家伙用后腿站立着出现在你面前。但是，如果你仔细观察，一路上都有线索出现。这就不奇怪了。无论你现在的情况如何，它都会发生变化。没什么可惊讶的。那么，为什么生活似乎会让我们吓一跳呢？因为我们有一半的时间都在睡觉。

清醒过来，就没有什么可以悄悄接近你了。

不犹豫。掂量一下机会，然后就开始行动。如果你犹豫不决，机会就会过去。如果你花了太长时间思考，你就永远不会有所行动。一旦看清了各种可能性，我们就会做出选择，做出决定，然后去做。这就是秘密所在。没有犹豫意味着：不要等待其他人来帮助我们，或者为我们下定决心。没有犹豫意味着：如果某种情况是不可避免的，那么就一头扎进去，享受这段旅程。如果没有什么可做，那么等待也无济于事。

不质疑。一旦你对某件事情下定决心，就不要再思来想去了。停止思考、开始享受——放松，放手。不要再担心了。明天一定会到来。不要对生活有任何怀疑。要自信，要有决心，要对自己有信心。一旦你对一个既定的方向、道路、计划做出承诺，就应贯彻执行。不要怀疑这是一件正确的事情，不要怀疑你会成功。继续走下去，完全相信你的判断。

————

清醒过来，就没有什么可以悄悄接近你了。

法则
026

放弃也是一种选择

你还记得有时会听到这样一些人的故事吗：他们考驾照考了很多次都没有通过。虽然你很佩服他们的毅力，但你有时会不会想：为什么他们不干脆放弃呢？很明显，这些人并不适合驾驶又大又重又危险的机器，在满是孩子、老人、狗和灯柱的街道上行驶。即使他们最终通过了，也可能感觉是一种侥幸，而且你可能依旧不想成为他们下一次旅行中的乘客。

事实上，如果这些人举起他们的手（就像有些人那样）说"你知道吗？这不是我。我要去买一辆自行车和一张公共汽车季票"，我会赞扬他们有看到自己面临的问题的能力。我不会称他们为轻易放弃的人，也不会批评他们缺乏决心或动力。他们只是明白无误地弄清楚了这是怎么回事，并且很明智，没有去无视它。

有时，我们在生活中走错了路，但往往都是出于最好的动机。也许在尝试之前，我们并不知道那是一条错误的道路。当我们意识到它并不能把我们带到想要去的地方时，承认这一点并不丢人。

当你意识到这个大学课程不适合你，或者你不具备做好这份工作的条件，或者搬到一个新的城市并不适合你，或者你在当地议会中投入的时间给你的家庭带来了太多的压力，你需要勇气来说出这些。这不是放弃，这是勇气。

放弃是指你不干了，因为你不想付出努力，你不想被打扰，你不喜欢辛勤工作，你害怕失败。"法则玩家"则不会放弃。他们下定决心，毫无怨言，继续工作。

抱歉，很难不批评这一点。不过，一个好的"法则玩家"知道自己什么时候会被打败。如果世界告诉你"你走错了路"，你可以诚实地承认，让自己走上另一条路。没有人可以在所有事情上都很出色，有时你必须尝试一些事情以发现你是否可以做到。也许你不能。

几年前，英国一位重要的政府部长辞去了职务，她公开说自己根本"不能胜任这项工作"。在这之前我从未评价过她，但当她承认了自己的不足后，她在我和其他许多人心目中的地位大为提高。这需要胆量。也许她在领导政府部门方面并不出色，但在诚实、勇气和自知之明方面，她肯定与大多数政客不同。这是一个杰出的例子，它说明：如果你在正确的时间以正确的方式放弃，你就显示了人格上的强大，而不是软弱。

一个好的"法则玩家"知道自己
什么时候会被打败。

法则
027

不要沉湎于过去

无论过去什么样，它已经过去了。你无法改变以前的任何事情，所以必须把注意力转移到此时此地。沉湎于过去的事情对我们有很大诱惑，很难抵制，但你如果想在生活中取得成功，就必须把注意力转移到当下正在发生的事情上。你可能会受到诱惑，沉湎于过去，因为它要么很糟糕，要么很美好。无论哪种情况，你都必须把它抛在脑后，因为只有活在当下才是唯一的生活方式。

如果你因为后悔而重温过去，那么你需要弄清楚：你无法回到过去，无法挽回你所做的一切。如果你放不下愧疚，那么只会伤害自己。我们都做过一些错误的决定，它们曾对我们周围的人产生了不利的影响，我们声称爱他们，但却以不光彩的方式对待他们。无论你做什么，都不能将这些一笔勾销。你能做的是下定决心，不再做这样的错误决定。人们对我们的要求不过如此——承认在哪里搞砸了，并竭尽全力不再重复这种模式。

如果过去对你来说更好，你渴望重回光辉岁月，那么学会珍惜美好回忆，但也要迈步向前，努力在当下寻找新的好时光。如果那时真的更好（暂时摘掉那副玫瑰色眼镜），也许你可以确切地分析一下原因——金钱、权力、健康、活力、乐趣、青春。然后迈步向前，寻找其他的道路来探索。我们得把好东西收起来，找到新的挑战、新的领域来激励我们。

每一天我们醒来，都是一个新的开始，我们可以把它变成我们想要的样子，在那张空白的画布上画下我们想要的东西。保持这种热情可能很难——和锻炼身体有点像。前几次无比艰难，但如果坚持下去，那么有一天你会发现你在慢跑、散步、游泳……而且，你不用刻意花力气。但是开始运动真的很艰难，你需要巨大的注意力、热情、奉献和毅力来坚持下去。

试着把过去看成一个与你现在生活的房间分开的房间。你可以去那里，但不再住在里面了。你可以去参观，但它不再是家了。家就在现在，就在这里。现在的每一秒都是宝贵的。不要在从前那个房间里花太多时间，不要浪费现在的每一秒宝贵时间。不要因为忙着回头看而错过现在发生的事情，否则以后你会忙着回头看现在这段时间，想知道你为什么浪费了它。活在这里，活在现在，活在这一刻。

———————

活在这里，活在现在，活在这一刻。

法则
028

你不是万事通，不可能什么都懂

看，我们是一个巨大的复杂世界（甚至更大的宇宙）中的渺小的复杂人类。这一切是如此难以想象、如此奇特，相信我，我们永远无法理解一切。这指的是生活中的各个层面和各个领域。一旦掌握了这条法则，你晚上就会睡得更踏实。

现在在你周围可能会有一些事情发生（就像一直在发生的那样），这些事情依然只是略微超出你的理解范围。有些人的行为很古怪，你不明白他们为什么这样。有些事情会突然出问题——或突然好转——你也不明白为什么。如果你把所有时间都花在拼命尝试弄清楚这一切上，你会把自己逼疯的。更好的做法是接受，知道总会有我们无法理解的东西，放过它。这是多么简单啊！

同样的法则也适用于大事——为什么我们身上会发生一些事情，为什么我们会在这里，以后我们会去哪里，诸如此类的事情。有些我们永远不会知道，有些我们可以尝试弄明白，但我隐隐感觉到最终不会像我们想象的那样。

就好像我们的生活是一个巨大的拼图，而我们所能接触到的只是左下角的部分。我们就在左下角做出这些巨大的假设："哦，这是一个……"可是，当罩纱被揭开时，我们才看到这个拼图是那么巨大，我们刚才在仔细研究的那一小部分其实是其他东西，而且我们看到的画面与我们想象的完全不同。

我们现在收集信息的速度比任何人类或任何计算机处理信息的速度都要快。我们无法理解这一切，甚至连它的毫厘都理解不了。生活也是如此。我们周围的事情日新月异，我们永远无法弄个水落石出。

因为当我们尝试这样做的时候，情况就会发生变化，新信息就会出现，我们的理解也就会改变。

要有好奇心，要提出问题，对自己感到好奇；如果你愿意的话，可以和其他人交谈。但要知道，这并不总是能给你一个清晰而具体的答案。人并不总是有意义的，生活也是如此。让它去吧，当你知道你永远不会理解一切时，心态就平和了。有时就是这样。

有些人的行为很古怪，你不明白他们为什么这样。
有些事情会突然出问题——或突然好转。

法则
029

知道何时放手、何时离开

　　有时你必须直接离开。我们都讨厌失败、讨厌放弃、讨厌屈服。我们喜欢生活中的挑战，希望能坚持下去，直到我们试图"赢得"的东西被克服、征服、击败、赢得。但有时它就是不会发生，我们需要学会识别这些时刻，学会如何带有哲学意味地耸耸肩、带着骄傲和尊严离开。

　　有时你真的想做一件事，但它却不现实。与其把自己弄得筋疲力尽，不如熟知何时离开的艺术，你会发现压力会小很多。

　　如果一段感情即将结束，与其玩漫长而复杂的——而且可能是伤害性的——分手游戏，不如学习离开的艺术。如果这段感情已经死了，就离开它。我没把这条法则放在伴侣关系那部分，而是放在了这儿，因为它是为你而设，为的是保护你、滋养你。这与"他们"无关，相反，全都与你有关。如果这段感情已经死了，不要每隔五分钟就去把它挖出来，查看它是否有脉搏。它死了，走开吧！你可能想报复——别发疯，走开。

这比报复要好得多，因为它表明你已经超越了那个让你发疯的东西（不管它是什么）。没有比完全无视某件事情直至能将其抛之脑后更好的报复方式了。

　　放手和走开意味着你有控制力和良好的决策力——你在自己做选择，而不是让局面控制住你。

　　我不想无礼，但你的问题——嘿，也是我的问题——甚至不值得在宇宙的历史上留下脚注。现在离开，十年后再回头看，我打赌你甚至都想不起这一切是怎么回事。不，这并不是说"时间是最好的良药"，但给你和你的麻烦一些时间和空间确实会让你有更广阔的视野、更好的视角。而做到这一点的方法便是离开，在那里留下空间。时间会自己把自己安置在那里的，当然会很及时。

如果这段感情已经死了，不要每隔五分钟
就去把它挖出来，查看它是否有脉搏。
它死了，走开吧！

法则
030

每天（至少偶尔）找到一条新法则

在《人生：活出生命的意义》你有了一百条左右的人生法则，它们可以让你过上成功、充实的生活。但不要以为这就结束了。没时间静静地坐着，"法则玩家"们可没有茶歇。只要你冒出已经弄清楚这些法则的念头，就会一败涂地。你必须继续向前迈进。你必须要有创造力、新意、想象力、资源和原创精神。最后一条法则必须要不断生出新的法则，不能停滞不前，而是要继续发展这个主题，对这些法则进行补充、改进、提升、促进和改变。这些法则给了我们一个出发点。它们不是某种启示，而更像是一种对我们的提醒。它们是一个起点，我们从这里开始，迈步向前。

我已经尽量避开了那些乏味的（"时间是最好的良药"）、幽默的（"不要给不看你的人小费"）、不切实际的（"爱所有人"）、愚蠢的（"把另一边脸也转过去"——这样你会被打两次。要我说，最好是逃跑）、古怪的（"每个人都是彩虹"）、错误的（"没有受害者")和非常难的("在洞穴里待上35年,你会发现宇宙的秘密"——然后,你变成了窝囊废)法则。我也避开了陈词滥调("晚上就会好起来的"——我的经验是,压根不会)和不愉快的事情("不要生气,要报仇雪恨")。

希望你在为自己制定新法则时也能遵循类似的方案。我觉得最主要的是,要持续不断地制定自己的法则。当你通过观察或在某一个富有启发性的时刻学到什么时,吸收这个启示,看看是否可以得到一个法则以供将来使用。

试着每天找到一个新的法则——至少偶尔找到。我真的很想知道你得到了什么法则,如果你愿意分享的话。做一个"法则玩家"非常有趣,你可以试着发现一些其他玩家,这很吸引人。但无论做什么,都不要到处去讲,弄得人人尽知。要保密,要让它安全,不过你可以告诉我。

成为一名"法则玩家"需要奉献、努力工作、坚持不懈、敏锐、有野心、热情、专注和坚韧。坚持下去,你就会过上充实、快乐、富有成效的生活。但不要难为自己,我们都会时不时地失败,没有谁是完美的——我当然更不是。好好享受,玩得开心,听话。

————————

它们不是某种启示,而更像是一种
对我们的提醒。它们是一个起点,
我们从这里开始,迈步向前。

第四章

财富：管好你的钱

财富：管好你的钱

从我收到的关于该系列前三部书的信件中可以看出，很多读者都想知道如何在经济上更加成功。这些读者中有些陷入了贫困陷阱，有些则生活舒适且还想要更多——为了有保障，或者能够挥霍，或者也许是为了能大宗采购某种商品，或者扶助他们的大家庭，或者也许只是让自己能够停止担心。

当然，有很多书会给你建议——通常是非常好的建议——告诉你如何让现有的钱生钱。不过，你会意识到，《财富：管好你的钱》讲述的原则略有不同。它讲的并非一些实用的技巧和建议——当涉及股票、投资或许多其他金融计划时，我当然没有资格提供这些建议。这些法则是关于你、你的心态和态度的，当我观察一生中所遇到的那些最富有的人时，我当然注意到了很多这些方面的东西。

当我写《财富：管好你的钱》这本书时，

它被分成了五个部分：

财富哲学

变富进行时

我想更富

留住财富

分享你的财富

　　我已经非正式地记下了很多东西，而且我在发现法则方面越来越厉害。当然，我一直在观察人，并思考是什么让他们如此兴奋（很多人都这样做，我当然也是一个敏锐的观察者）。事实证明，你越是训练自己从所看到的东西中提取潜藏的法则，就越是容易发现它们。

　　我之所以把最后一部分包括进来，是因为我注意到：那些不分享至少部分财富的富人，似乎并没有像那些分享财富的人那样从中获得满足。你有很多方法可以分享你所拥有的东西，也可以跟很多人分享，所以我想把那些似乎对我认识的最富有的人有效的法则传递给人们。

　　我非常高兴地发现，本部书中最受欢迎的法则是"人人皆可富——你只需全力以赴"。我不愿意看到人们被困在坑里（财务或其他方面），而且觉得自己没办法爬出这个坑。因此，我很高兴看到有那么多人接受了这样的观点：在金钱这件事上，你永远可以改变你的命运。下面这些法则都是非常受欢迎的，它们将帮助你做到这点。

法则
031

人人皆可富——你只需全力以赴

金钱的可爱之处在于：它真的不分贵贱。它不在乎你是什么肤色或种族、什么阶层、你的父母做什么，甚至你认为自己是谁。每一天都是一张干净的白纸，所以无论你昨天做了什么，今天都是新的开始。你和其他人一样，都有同样的权利和机会，想拿多少就拿多少。唯一能阻碍你的是你自己和你自己的金钱神话。[一]

全世界的财富中，每个人都可以能拿多少就拿多少。还能怎么理解呢？钱不可能知道是谁在处理它，他们有什么资质、有什么野心，或者属于哪个阶层。钱没有耳朵、眼睛等感官。它充满惰性、没有生命。它对一切一无所知，就在那里，等着被使用和被花费、被储蓄和被投资、被争夺、被引诱、被努力获取。它不带歧视性，所以不能判断你是否"值得"。

我观察过很多极其富有的人，他们都有一个共同点，那就是

一 参考《财富：管好你的钱》之法则 007：了解你的财富观念及其渊源。

他们没有任何共同点——当然，除了都是"法则玩家"。富人是一个多样化的群体——最不可能变富有的人也能被装进去。他们形形色色：从斯文的到粗野的，从精明的到愚蠢的，从配得上的到配不上的。但他们中的每一个人会都站出来说："是的，那个请再给我一些。"而穷人则说："不，谢谢你，我不行，我不配。我不够资格。我不能。我不要。我不该。"

　　这就是这本书的内容——挑战你对财富和富人的看法。我们都认为穷人是因为它们的环境、背景及他们所受到的教育而变得贫穷。但是，如果你买得起这样一本书，并生活在相对安全、舒适的世界中，那么你也有能力成为富人。这可能很困难，但它是可以做到的。这就是本条法则：任何人都可以成为富人，你只需要把自己用起来。该主题的其他法则都与这里的"用起来"有关。

────────

你和其他人一样，都有同样的权利和机会，
想拿多少就拿多少。

法则
032

如何定义财富由你做主

　　对你来说，什么是财富？如果你想获得财富，对于这个问题，你就必须坐下来，提前解决掉。据我观察，富人无一例外地都解决了这个问题。他们清楚地知道财富对他们来说意味着什么。

　　我有一个富有且极其慷慨的朋友，他说在他很早以前开始做生意时就知道，当他不靠他所积累的钱（我们称之为资本）生活时，就会认为自己已经赚够了。他也不会靠他的资本所获得的利息来生活。不，当他靠他的资本获得的利息生活时，他会认为自己很富有。对我来说，听起来不错。

　　现在，这位朋友知道他的利息的利息给他带来多少钱，他几乎可以按小时计算。所以，如果我们晚上一起出去吃饭，他知道这顿饭花了多少钱，他在吃这顿饭时赚了多少钱。他说，只要吃这顿饭时赚的钱比花的钱多，他就开心。

　　你可能会觉得，这把富有的定义定得太高。也许你并不想把它定得这么高。当然，这样也很好。还有一种可能，也许你会想给它加上某个数字。从前，每个人都想成为百万富翁。

根据这个定义，你很容易判断自己是否已实现目标。现在，很多人的房子的价值就已超过这个数字，但他们根本不认为自己是富人，不过他们尚未抽空加大赌注并希望自己成为亿万富翁。

相比之下，我自己的定义是拥有足够的财富，这样我就不必担心财富不够。那是多少呢？我永远不知道。我似乎越来越担心财富不够——而进来的却越来越少。但说真的，我觉得自从我开始用千位数而不是用英镑来计算后，我就"舒服"了。我知道自己有多少钱、需要多少钱、可以花多少钱。对于一些人来说，不担心可能意味着有足够的钱来应对家庭中可能出现的任何紧急情况。那么，你如何定义富有？你拥有的汽车数量？佣人？银行里的现金？房子的价值？投资组合？当然，答案没有对错之分，但我觉得，在弄清楚这个问题之前，你不应该继续读下去。如果没有目标，我们就无法瞄准。如果没有目的地，我们就不能离开家，就会绕圈子开上几个小时。如果不下个定义，我们怎么能检视或判断成功？如果不这样做，你怎么知道这本书对你是否有帮助？

如果不下个定义，

我们怎么能检视或判断成功？

法则
033

大多数人都懒得致富

你必须早起，努力工作一整天，睡觉时还在为你的目标努力。是的，钱有时确实是大风刮来的——或者看起来是这样。是的，的确有人赢了彩票、中了大奖、获得了巨额奖金。是的，的确有人从失散多年的亲戚那里突然得到了遗产。是的，的确有人无意为之，却突然声名煊赫、财富加身。但这不会发生在你身上。好吧，它的概率表明不会发生在你身上。如果你把你的目标设定为"赢彩票，永远生活在奢华之中"，那么就不要再读下去了。放下这本书，去买彩票吧。如果你的目标更现实一点，那么请继续阅读。

大多数人都太懒了，无法成为富人。他们可能会说自己想成为富人，但其实并非如此。他们可能会买一张彩票，漫不经心地做出姿态，表示自己也想致富，但他们不准备采取行动。他们不准备做出牺牲、研究、学习、拼命工作以为此付出努力，使之成为他们生活中坚定不移的重心。

因为在他们中的很多人看来——不是你——如果这样做，就在某种程度上沾染了邪恶。可是，为了赚钱而努力工作，可以吗？这是一件值得追求的事情吗？我想，这取决于为什么要这样做，以及要用它来做什么。

大多数人并不想付出努力。是的，他们想要钱，但只有当钱意外地、幸运地、偶然地来到他们身边时，他们才想要。这样就可以了。这样它就不会被汗水、工作、激情和专注污染。

我认为，如果你看一下每一个足以成为榜样的富人——比尔·盖茨、理查德·布兰森、沃伦·巴菲特、詹姆斯·戴森、伊隆·马斯克、彼德·凯尔纳（Peter Kellner）[⊖]，你就会发现他们只有一个共同点，那就是拼命工作。他们赚钱的领域不同，可能是计算机、销售、电影业、吸尘器、流行音乐、电台、汽车等，不一而足。但他们都有一个共同点，那就是能够在一天内做的事情比我们大多数人一个月做的事情还要多。

这就是财富的奇妙之处——它就在你身边，等待着你去索取（记住法则031）。那些声称拥有财富的人是那些早起、努力工作并投入时间的人。

　⊖　我确实和自己打了个赌，我赌你没听说过他——捷克共和国的第一位亿万富翁。

你也必须这样做。我的团队中没有闲人，没有拈轻怕重之人，也没有装样子、吃白食之人。我想要的是努力工作、敬业、专注、有野心、有动力的、善于赚钱的人。当然，他们还要能乐在其中。

———————

大多数人都太懒了，无法成为富人。
他们可能会说自己想成为富人，
但其实并非如此。

法则
034

你要确定你用钱做什么

这是你给富有下的一部分定义，你在设定一个客观的过程。答案无所谓正确或错误。比如，在我看来，赚了一大笔钱却把它全部花在可卡因上，这似乎是件愚蠢的事情。但这是个人行为。你可能会觉得我有毛病，居然把钱花在一瓶体面的教皇新堡酒上。我们都会把钱花在认为会满足自己、使自己开心的东西上。我们都有自己的快乐，不应该对其他任何人进行评判。

那么，你为什么想成为富人？你给出的回答会告诉你很多关于你自己的真相：你的隐蔽的金钱神话和你真正看待金钱的方式。

有时候，这很简单：我们有一个梦想，需要钱来实现它。梦想是第一位的。杰拉尔德·杜瑞尔（Gerald Durrell）从小就想要一个动物园，他写了三十六本畅销书，这些书为他的动物园（在泽西岛）提供了资金。你的梦想是什么？

不过，这可能没那么简单。有一天，我问一个熟人，为什么她想变得更富有。她的回答很能说明问题。她说她想"过得更好"，这样她就能给孩子更多；给他们更多，他们就会在家里待得更久；如果他们在家里待得更久，她就不必独自面对将来的老年生活。因此，基本上可以说，她想成为富人的目的是逃避孤独。另一个熟人说，他想变得富有，这样就能去冒险。当我进一步追问时，我发现他所谓的冒险似乎是"逃跑"的那种，这样他就可以焕发青春、重获自由、恢复单身。钱真的是解决这些人的问题的答案吗？对你来说它是吗？

当你知道自己想要更多财富来做什么时，也要考虑一下那些能满足你的需求的其他方式：我之前说过，有些人想成为富人，这样他们就可以为任何可能有需要的亲密家人支付医疗费用。其实，投资于一些简单的医疗保险就可以做到这一点。

你也要考虑一下那些不需要更多钱的地方。我喜欢我的玩具（汽车和船只），但发现我在这些东西上的投资并没有随着收入的增加而增加。我仍然喜欢廉价的旧跑车和一些需要大量维修的旧船。你需要的真的像你想的那样多吗？如果是的话，很好，你只需要确定并清楚地说明。

那么你的借口是什么呢？你要钱做什么？可能是为了让自己无须工作，甚至可能不是为了自己，而是为了支持你虔诚追求的事业。我的朋友，设置好自己的议程，把它留给自己。不过我真的建议你把它写下来，因为这会让它更真实。有一天你可以回过头来看看你的梦想和成就是否相符，这是一个有用的练习。

————

我们都会把钱花在认为会满足自己、使自己开心的东西上。

法则
035

|

明白钱能生钱的道理

　　没有比钱能生钱更伟大的真理了。它喜欢簇拥在一起。它像兔子一样安静而迅速地繁殖。它更喜欢在大的群体中闲逛。钱能生钱。富者愈富，穷者愈穷。这就是生活。是的，这很可悲。但这似乎确实是一个事实。现在，我们可以自己努力工作，做点什么，或者也可以坐在那里呻吟，让自己成为问题的一部分。和往常一样，选择权完全属于你。

　　如果你确实想做点什么，那么在我看来，赚一大笔钱并明智地使用你的钱来帮助那些没你幸运的人是有意义的；或者做任何你想做的事。

　　一旦有了一些钱，你会对它的增长速度感到惊讶。我建议你尽快了解和学习复利的概念。不，我不会跟你讲关于复利的任何事情，除了这点：你必须了解它，并将它作为积累财富的基石，这至关重要。关于复利，我之所以什么都不打算跟你讲，是因为：首先，本书不是那种讲概念的书；其次，我不打算把什么都替你做了，因为那就太容易了，你会一无所获。据我观察，富人明白复利的概念，而我们则不明白。

如果你把赚的钱都花光了，那么这个法则就永远不会对你起作用；它永远不会让你的钱为你工作。你必须留出钱用于繁殖。如果你经营一个养兔场，把所有的兔子都杀了吃了，你就没有剩余的兔子可以继续养了。忘记养兔场吧——你要开一个金钱农场。你的钱会生钱，然后你可以再投资一些，花一些——但不能花光，否则你就没有兔子了。瞧，这些东西是非常基本的，但令人惊讶的是，有很多人就是不懂。但你现在明白了。你已经得到了我所能给你的最好建议。

拨出一些钱用于育种。
拨出一点钱用于消费。
拿大部分来投资，炒一只稳健、健康的股票。
自己留着。

———————

钱能生钱。富者愈富。

法则
036

管理你自己比管理你的钱更难

那么你有多了解自己呢？相当了解？一点都不了解？隐隐约约？我们认为我们了解自己，直到开始戒烟、减肥、健身、致富，这时我们才意识到自己更懒、意志力更差、决心更小、努力更少、太容易被劝阻、太容易半途而废。

如果我想庇护你，让你变得富有，我需要知道的第一件事是："你有成为富人的条件吗？你有足够的决心吗？你会努力工作吗？你会坚持下去吗？你有骨气吗？你有耐力吗？你有胆量吗？你能专注做事吗？"你看，如果你没有，就有可能不会成功。我不是想让你放弃。我是想让你看到，赚钱是一种可以教的技能——只要这个人准备好了，愿意学习，并勤奋地把自己用起来。

如果你做了决定，想要赢得温布尔登网球赛，就得在五岁左右开始打网球，并在十四岁时就已经赢得了青少年冠军。金钱也如此。你不能指望一个超重的中年人能突然进入决赛。

当我还是一个年轻的、苦苦挣扎的学生时，我曾经卖掉了一本有价值的书，这样我就可以吃饭了。我在拥有一样会升值的东西从而有可能使我致富和吃一顿丰盛的大餐之间做了一个直接选择。你明白我的意思吗？从本质上讲，（在那个时候）我选择了贫穷而不是富有。我最近在一家书店看到了同样的书，相信我，我明白那天自己做了一个错误的决定。

我注意到的是，富人——不管怎么说，当他们刚开始奋斗时——有巨大的动力，并准备做出巨大的牺牲。他们能管理自己，能放弃即时的回报以获得更长远的回报。自我控制和延迟满足是需要我们学习的有用的技能。

我需要知道的第一件事是：
"你有成为富人的条件吗？"

法则
037

只有看起来很富有，你才能变得富有

我曾经看到一个人在看一个职位空缺板。他穿着邋遢的运动鞋，戴着头巾，没有刮胡子，双手插在口袋里，懒洋洋的。你就知道：他穿成这样去参加工作面试，肯定得不到工作。然后，他声称这是不公平的，谁都不给他机会，以及生活很糟糕等。

我主持过许多工作面试，那些面试者参加面试的样子给我留下的印象太糟糕了。他们不够努力，这总是让我惊愕——同样让我惊愕的是，他们对这份工作没做任何研究，也缺乏兴趣。"你为什么想为这家公司工作？""不知道。"

"我们现在在干什么？""不知道。"我努力不让自己成为保守派，但我不能不注意到，缺乏努力与没有结果直接相关。穷人看起来很穷，并不是因为他们非得这样。他们穿着标志着自己身份的制服。如果他们把这身制服换掉，就会改变他们的环境，因为人们会对他们做出不同的反应。我们与其他大型猿猴相差不大，它们彼此之间的关系很大程度上基于他们的行动和外观。那些看起来软弱、穷困潦倒的人就会被其他人当成这副样子对待。有权势的人则会趾高气扬，看起来很自信。

我的建议是，你要看起来强大、自信。我们都应该看起来强大、自信。但是我们怎么能穿得像更富有的人一样呢？来吧，来吧，我对你的期望更高。横向思考。大猩猩根本不穿衣服就能做到。这与你走路的方式有关，而不是你穿什么。它与你投射出的整体形象有关。

但这并不意味着你可以逃避，可以穿着不得体或不好——任何人都可以穿得漂亮。借一件像样的衣服或买一件便宜的好衣服（不要买全价的，把它记在信用卡上就行）。我的第一份工作是在赌场，为了这次面试，我从慈善商店买了一件漂亮的外套——双排扣、宽缎子翻领——还有领结。你一定要自己打合适的领结（我才不会买那些质量并不好的弹性领结）。我练习了好几个小时，最后总算打好了。当我第一晚出现在赌场时，我看起来更像詹姆斯·邦德，而不是实习生。我给人留下了深刻的印象。显然，我弄错了，所以我后来不得不买了一套简单的黑色西装，但人们记住了我，因为我多少显得很突出、很时尚，而不是邋遢。我得到了一份称心的实习工作，尽管我并没有任何资质去做这份工作。

这种东西很有效，你知道。穿得富有，人们就会认为你是有钱人，并以相应的方式对待你。你要研究风格和品位，学习富人的穿着。如果看起来很穷，你就会得到很差的服务。无论你做什么，都不要戴亮闪闪的饰品。是的，富有的说唱明星可以戴，而你不能，我也不能，内敛的优雅是我们的目标。贵族、品质、简单的线条、舒服的发型、干净的指甲，你知道我说的那种东西。

你要看起来强大、自信。

法则
038

你要做合作伙伴、团队成员，
还是单干当老板

如果你要改变方向，即从你现在所在的地方走向富有，那么你需要知道：

你的优势和劣势。

你擅长什么——显然也包括不擅长什么（这与优势和劣势不一样）。

例如，我擅长主持大局，一涉及细节，我就不是最棒的了。明白我在说什么吗？你只需要很好地了解自己，然后就会对自己擅长的领域充满信心，对自己薄弱的领域加强学习。你可以利用自己的优势，让别人来做所有你不擅长（或者还没有学习或研究过的事情）的事情。

接下来，你必须知道自己何时工作能力最强：是在合作伙伴关系中、团队中，还是单独行动时。就我个人而言，我总是需要某个合作伙伴稳住我、遏制我以避免我出现一些过激的商业行为——鲁莽行事、有时有点不讲究手段、急于求成、在广告上浪费金钱、不注意细节，我这些方面的倾向太强了。可是，在两人以上的团队中，我真的很糟糕。因此，如果出现一个需要团队合作的商业机会，我知道我可以拒绝它，或者以某种方式对它进行调整，因为我知道如果我答应下来，就会把它搞砸。但是，如果需要合作，我就更有可能感兴趣。

我也很擅长单独工作。我很容易做出决定（不一定是正确的决定，但至少我不会推诿），我可以独处很长时间且很开心，不需要和别人谈论想法以求得建议。我可以独自旅行，可以为自己辩护。明白我说的了解自己是什么意思了吗？

如果你想和其他赚钱的人一起稳步推进，就必须做这个练习。要问的问题有：

我是自己单独行动好，还是和别人一起行动好？

我在团队中是否有自己的角色，并在执行该角色的任务时感到更快乐？

我能否只与一个值得信赖的伙伴很好地工作？

我是否知道自己的优势和劣势在哪里？我是否知道这二者的区别？

我是否知道自己擅长什么和不擅长什么？

我的商业伙伴说我们合作得很好，因为我们是"大脑和肌肉"。唯一的问题是我们都认为自己是大脑，而对方是肌肉。哦，好吧。

———————

　　我总是需要某个合作伙伴稳住我、遏制我以避免我出现一些过激的商业行为。

法则
039

不要急于致富

我们已经说过,你需要从长计议。试图快速致富只会导致失望和令人过度焦虑的忙乱。再说你确实需要打造一个良好的基础,否则第一阵风吹来,你的金融城堡就会倒塌。在赚钱这件事上,你花的时间越长,你的投资和收入流就越多样化。

你挣钱越快,就越有可能是单线作战,从而容易被打败。

长期致富通常意味着你会

建立长期的收入流。

有保障,能应对经济衰退或突发性的负面的市场低迷。

有时间享受生活。

旧的工作/家庭关系不太可能断裂。

能更擅长诚实、体面地挣钱。

有时间进行相关的调整,因此不太可能急于求成或进行不适当的消费。

前进过程中获得长期财务安全所需的经验。

如果你的钱赚得太快，你就会有这样的倾向

乱花钱。

没有时间去学习如何管理好钱。

有可能因为收入只来自一个领域而失去它。

如果你真的想迅速赚大钱，你可能会从七十九岁的斯黛拉·莉柏克（Stella Liebeck）的书中得到启发。她起诉了麦当劳，因为她被溅出的热咖啡烫伤，最初获得了二百九十万美元的赔偿，后来被压低到只有六十四万美元。

这可能不是一个有意为之的游戏方案，但它确实得到了回报——而且很快。就我个人而言，我宁愿慢慢地、愉快地赚钱，也不愿靠起诉别人来获得它——或赢彩票，或有一个近亲死亡，或不得不嫁给一个不合适的人，仅仅因为他们有点小钱。慢慢地赚钱，你会更享受它。它会持续更长的时间，你夜里会睡得着。

在赚钱这件事上，你花的时间越长，
你的投资和收入流就越多样化。

法则
040

知道什么时候该停止

什么？我听到你在惊讶地喘气。知道什么时候收手?！你之前不是说不应该满足于你的成就，否则它们会枯萎吗？是的，我说过，但那是在你刚开始取得成果的时候，而不是在你已经做得非常好、比你想象的更富有的时候。听着，钱肯定有赚够的时候。总有一天，你会想：

花更多时间与家人在一起。

享受生活。

享受乐趣。

去旅行。

让工作 / 生活的天平向生活倾斜一些。

抽出时间把你学到的东西传授给别人。

当然，你也许可以在不放弃获得财富的理想的情况下做到所有这些。但也许是你的焦点改变了。受驱动去获得财富是一件好事，可一旦获得了，你就应该回到羊圈里（请允许我打个比方）。我总是对 Lady Gaga 这样的人印象深刻，她将大量的时间和金钱投入到她坚信的慈善事业中。

而沃伦·巴菲特也做了同样的事情——承诺在离世前捐出百分之九十九的财富。我知道他手上的财富总额很高，但他的心是安稳的。他可能是靠利息生的利息来生活。这类人便是这个法则的由来。事实上，在过去一百年中，就捐赠的金额而言，最伟大的慈善家当属加姆塞提·塔塔（Jamsetji Tata）——印度 Tata 集团的创始人。他一生中为教育和医疗捐赠了 1020 亿美元。

你在想，你永远都无法与其媲美。是的，但你仍然可以制定一个终结策略，你可以根据这个策略在你的计划中加入"赚够了"这一条款。否则你在哪里停止？多少才算够？你在哪里划清界限？阿拉伯人有一句话："如果你有很多，就捐出你的财富；如果你有很少，就捐出你的心。"因此，当你得到很多的时候，就拿出一部分来。我并不是在恫吓你，要求你进行慈善募捐，我是在暗示你，知道什么时候钱够了是很重要的。我知道有这么一种说法：好东西不能太多。专注于致富只是丰富多样的生活的一部分，不要过头。

————————

钱肯定有赚够的时候。

第五章

养育：让爱不再是负担

养育：让爱不再是负担

我有六个孩子，所以很容易理解为什么在思考生活中的法则时，我一下子便会想到育儿这个领域，这方面的有益法则实在太多了，只要我们知道它们是什么。三十多年来，我一直在观察其他家长——自己也犯了很多错误，一直到现在。几十年来，我观察到了一些行为模式，有些有益，有些则相反。我遇到了我最小的孩子的朋友的家长，他们的行为方式与我在我家老大刚学会走路时遇到的家长一样。我从其他家长那里学到了很多东西，并有机会将其付诸实践。我尝试了很多我观察到的法则，我发现：如果我记得运用这些法则，育儿就会更顺利。

有句名言："没有一本书能告诉你如何做一个父母。"我想整合一套法则以帮助父母少些茫然，多一点自信，相信他们正在做正确的事情。毕竟，我们太爱自己的孩子了，所以一定要做对（至少不做错），这对我们来说实在太重要了。我们永远做不到完美——这也是我们需要接受的法则之一 ——但这并不意味着我们不想尽最大努力去做。

在我整合这些法则时，我最小的孩子还没有上学，而我家老大已经有了我的第一个孙子，所以我很清楚，育儿这件事不会在他们十八岁就停止。

《养育：让爱不再是负担》分为十个部分：

关于理智的法则

关于态度的法则

关于日常行为的法则

关于规矩的法则

关于性格的法则

关于兄弟姐妹的法则

关于上学的法则

关于青春期的法则

关于应对危机的法则

关于成年子女的法则

我非常想知道哪些法则在这本书中得票最多，有趣的是，票数的分布非常广。比如，我曾经想知道人们是否更重视"关于青春期的法则"或"关于兄弟姐妹的法则"，然而，情况并非如此。得票最多的法则是"放松"和"尊重孩子"。和我这些年来发现的那么多法则一样，它们也似乎完全是显而易见的，但我们都知道，不遵守它们的人实在太多了。事实上，我们是否敢发誓自己会不折不扣地遵守这些法则，哪怕是在特别糟糕的时候？这两条法则绝对返璞归真（这些年我发现，很多法则都不那么直观），但显然读者们已经认识到，当我们忙忙碌碌地养家糊口时，忘记基本的东西是多么容易。

法则
041

放　松

　　你认识的人中，谁是最好的父母？是那些似乎天生就知道该说什么、做什么，能让他们的孩子快乐、自信、平衡发展的父母？你有没有想过，是什么让他们这么擅长于此？现在再想想那些你私下里认为做得不怎么样的父母。为什么不呢？

　　我认识的所有做得出色的父母都有一个关键的共同点，即他们在这方面很放松。而所有差劲的父母都对某些事情有执念。也许他们并不为自己当不好父母而感到焦虑（也许他们应该焦虑），但他们对某些事情的执念却会影响他们的能力，使其无法成为真正的好父母。

　　我认识一对父母，他们对干净和整洁的要求已经到了神经质的程度：即使鞋子很干净，孩子也必须在门口脱鞋，否则天就要塌下来；如果孩子把什么东西放错地方或把什么弄乱（即使后来被清理掉），他们就会变得非常紧张。这让孩子们总是担心裤子上会有草渍或打翻番茄酱瓶子，他们根本无法放松下来且开心玩耍。

我的一个朋友，他的竞争意识无处不在，以至于他的孩子们总是承受着巨大的压力，连玩每一场友谊赛都想着要赢。还有一个朋友，每当她的孩子擦伤膝盖时，她就会焦躁得不行。我打赌你可以在你认识的人中想到很多类似的例子。

另一方面，我遇到的真正的好父母会希望他们的孩子吵吵闹闹、乱七八糟、蹦蹦跳跳、叽叽喳喳、满身泥巴。他们对这一切都泰然处之。他们知道他们有十八年的时间来把这些"小动物"变成可敬的成年人，他们会把握好自己的节奏。不用急于让孩子们表现得像个成年人——时间很充裕，他们会做到的。

你知我知，这条法则会随着时间的推移而变得容易，尽管有些人仍然永远无法像真正的父母那样掌握它。

养育第一个孩子时，你很难彻底放松，但当你家最小的孩子也长大成人离开家时，就容易多了。对于婴儿，你只需关注基本点——保证其健康，不会太饿，也不会太不舒服——而不用为其他的事情操心。如果你把他们的摁扣摁错了，或者今天没空给他们洗澡，或者因周末外出没有时间哄他们睡觉（是的，我有一个朋友也这样做了，但她并没有紧张，因为她是一个懂法则的妈妈），这都没有关系。

如果你能在每天结束的时候，好好歇一歇，喝杯酒或金汤力[○]，然后愉快地对对方说："管他呢……他们都还活着，所以我们一定是做对了什么。"那简直更好了。

真正的好父母会希望他们的孩子
吵吵闹闹、乱七八糟、蹦蹦跳跳、
叽叽喳喳、满身泥巴。

○ 不过，我可不是鼓励父母靠喝酒来渡过难关。只是为了放松一下！

法则
042

见到孩子要笑脸相迎

　　有件事真的让我很生气。我已经数不清有多少家长这样做了。当他们的孩子放学回家或者下午出去玩回来时，还没等孩子进门他们就这样迎接道："把泥巴鞋脱掉！"或者说："赶紧做作业！做完再干别的。"

　　我有一个朋友，有一天中午，他在学校体育馆摔倒了，头上起了个大包，他便回家了。在那个年代，如果发生这种事情，学校是允许学生自己回家的。当我的朋友出现在门口时，她妈妈正忙着拖厨房的地板。她妈妈抬起头来，眉头紧皱，说："你不能进来。地板是湿的。"

　　这些孩子怎么会知道父母爱他们呢？毕竟，他们的爸爸妈妈对狗、祖父母、孩子的朋友和邮递员都比对自己热情。

　　有些家长的做法是：当孩子们进来时，不去理会他们，就好像他们是家具的一部分。这种做法同样糟糕，因为根本不关注他们可以说与给他们负面关注（对他们大喊大叫的另一种说法）同样糟糕。

在上学的日子里，每个人吃早餐时一般都很匆忙。但是，和睦相处根本不需要花时间。坦率地说，当你想为孩子们梳理头发或给他们添饭时，任何能使他们不那么暴躁的事情都是值得的，不是吗？

给他们一个微笑，或许再来一个拥抱（如果他们还没有到不让你拥抱的年龄）——这能有多难呢？这只是一件小事，但对你的孩子来说却意义重大。他们只是想知道，你很高兴看到他们。

如果他们的鞋子真的很脏，而你刚刚打扫了厨房的地板（孩子们马上就要穿着泥泞的鞋子出现了），你仍然可以用幽默的方式来阻止他们的脚步，然后给他们拥抱和亲吻，奖励他们的合作。

————————

给他们一个微笑，或许再来一个拥抱（如果他们还没有到不让你拥抱的年龄）——这能有多难呢？

法则
043

—

尊重孩子

我认识一位母亲，她总是向她的孩子发号施令。"吃午饭。""快上车。""刷牙。"有一天，我听到她抱怨说，让她的孩子说"请"和"谢谢"太困难了。现在你我都很清楚她的问题在哪里，但她却看不到。

不过，要做到这点其实非常容易。孩子应按你说的做，而其他成年人却不必如此。所以，你会以很好的态度请求大人，但在面对孩子时，你则会直接告诉他们该做什么。问题是，孩子们并不这么看。他们不会注意你是如何对其他人说话的（毕竟，孩子们从来不听大人说话）。他们只是以你对他们说话的方式对你说话。

如果你的孩子有所感觉，他们会更注意你做的事，而不是你说的任何事。所以，如果孩子对你不客气，你不仅不能责怪他们吝啬于礼节，相反，其实你应该祝贺他们能以你为榜样。

当然，你的孩子值得被尊重，因为他们是人，仅仅如此。除此之外，如果你不对他们表现出尊重，你也不会从他们那里得到尊重。你应尊重孩子不会破坏你的权威。你的孩子很快就会知道，"请刷牙"或"你能把桌子摆好吗？"可能听起来像个请求，但实际上他们没有选择的余地。你只是在用最好的方式教他们礼貌——通过示范。

需要通过示范来学习的不仅仅是礼仪。你永远不要违背对他们的承诺，永远不要对他们撒谎。如果你不想让他们模仿你，就不要在他们面前骂人。如果你做了这些事，就等于在清楚地、大声地告诉你的孩子（可能不用说这么多话），他们不如其他人重要，他们不重要。

我们知道事实并非如此。重要的是，你的孩子也知道这点。如果你爱你的孩子胜过其他人（除了你的伴侣），那么他们就比其他人更值得你尊重。这样的话，他们也会学会尊重别人。如此，"年轻一代怎么了"的问题就解决了。

当然，你的孩子值得被尊重，
因为他们是人，仅仅如此。

法则
044

善用表扬

做得好！你遵守了本条法则。在成为全力投入的、按法则行事的家长的路上，你已经将近走了一半。

我希望这让你受到鼓舞——这就是表扬的目的。我们这些按法则行事的家长知道，如果能够运用得法，我们的表扬将是孩子们最大的动力。你不会在他们生日那天不给他们礼物，所以如果他们做了好事，也不要不给他们表扬。

可这并不这么简单，对吧？你知道有多少父母明明可以善用表扬，却没有做到这一点？父母必须以恰当的方式给予孩子恰当程度的表扬。

有句话说："好东西不能太多。"但这当然不适用于表扬。这并不意味着你应该在这方面吝啬，而是意味着：你应该根据孩子的成就，给予相应的表扬。如果你过度表扬他们，就会使货币贬值。如果他们做了一些平平无奇的事情，你却说他们非常出色，那么当他们做了一些真正出色的事情时，你会怎么说？再者，如果他们所做的每一件小事都能得到大大的夸奖，他们就会害怕让你失望，而他们不应该有这种压力。

很多父母会忘记表扬孩子的良好表现，认为这是理所应当的。但孩子们真的想听到夸奖，他们想知道，你注意到了他们有多乖。"你没有在桃金娘阿姨面前挖鼻孔，做得很好。""你一定累坏了，但你却控制住了自己，没有抱怨。这真的很好。"这等于在劝说他们：下次也要好好表现，这样做是值得的。

你可以用感谢和表扬来认可孩子的成就。这样可以减轻一些压力，你既可以认可他们，而又无须极尽溢美之词。更重要的是，这是一个强化良好行为的好方法，并让他们觉得放心：你并不仅仅会在他们做错事时注意到他们，当他们做对了的时候，你也会注意到。"谢谢你洗完澡后把毛巾挂起来。""谢谢你不用别人提醒就做了作业。""回到家看到整洁的厨房真好——谢谢你。"

现在，关于表扬还有最后一点，掌握了它，你就掌握了这条法则。你认为你的孩子最想听到的是下面哪一种："画得真好！"还是"画得真好——我很喜欢你把马画得好像真的在动一样。你是怎么做到的？"没错！如果可以的话，表扬要具体化，你也可以问他们问题。这真的会让他们散发光彩。

父母必须以恰当的方式
给予孩子恰当程度的表扬。

法则
045

一定要让孩子知道什么是重要的

等一下，关于表扬，我还没有完全说完。好的，现在我们知道该如何有效地表扬他们了。但是，你有没有停下来想一想：你是为了什么表扬你的孩子的？现在想想吧！

我认识一些家长，他们常因为孩子获胜而表扬他们，有的是在体育方面，有的是在学习方面。我还认识一些家长，他们的表扬主要集中在礼貌的行为上，或者孩子出席一些场合时看起来很漂亮，或者孩子很"乖"。

因为什么而表扬孩子几乎比其他任何事情都更能说明我们的价值观。我们的孩子正是利用这一点来评估生活中什么是真正重要的。如果他们因为看起来很美或赢了、吃光了盘子里的所有东西而从你那里得到了所有最好的回应，他们就会下意识地认为这是很重要的事情。为了获得你的认可，他们会付出全部努力，并且在开始自己的人生时极其重视这些事情。

这意味着当他们做对了事时，你应该表扬他们，对此你责任重大。如果你总是表扬他们在学校学习好，却从不表扬他们的良好行为，这向他们传递了你的何种价值观？你是否更愿意因为他们获胜而表扬他们，而不是因为努力工作？不，当然不是，你是一个按法则行事的家长。但很多家长会这样做。

这并不意味着如果他们对自己在班级中名列前茅或赢得比赛感到高兴，你不能说"做得好"。但是，你要注意平衡好这些。

从好的方面来说，表扬是一种非常有效的方式，可以向孩子灌输那些对你来说非常重要的价值观。当你告诉孩子"当阿里感到陌生和害羞时，你不厌其烦地把她纳入你的小组，这给我留下了深刻印象"时，孩子便深切意识到，善良和体贴是重要的品质。同样，"我很钦佩你能在紧张的情况下还能报名参加攀岩课程"，或者"没得第一并不重要，我注意到的是你付出了巨大的努力"。

作为父母，我们要认识到哪些价值观对我们来说最重要，并寻找机会承认孩子身上的这些东西，这样做对我们大有裨益。这是一种积极的表扬方式（同时仍然要保持适度），可以鼓励你的孩子努力工作、善于思考、无私、勇敢、坚定和善良，并能让他们拥有其他一些你认为重要的品质。

———————

你是否更愿意因为他们获胜而表扬他们，
而不是因为努力工作？不，当然不是，
你是一个按法则行事的家长。

法则
046

上学不等于接受教育

我知道有人在十六岁或十八岁离开学校时什么都不知道——也许除了了解乘法表和布基纳法索在哪里，以及废除玉米法是怎么回事。换句话说，这就是学校给你的东西：信息。好吧，学校教给你的还有一些分析技能，如长除法和语法，其中许多你可能永远不会再使用。有一些是有用的，如外语，但大部分显然没有任何价值。

不要误会我的意思，我不是在贬低学校。它教你如何学习——这是一种对你一辈子有用的技能——但需要十年、十二年甚至更长时间才能掌握它。想想在孩子的成长岁月里，学校未能教给他们的一切：如何独立思考，如何更换灯泡，如何自信，如何不欠债，如何判断即将爆发冲突，如何友好地解决争吵，如何尊重他人，当汽车抛锚时该怎么办，如何面对恐惧，如何在失败时保持良好心态，如何成为一个好的赢家……

可我听到你在说："学校确实教你如何赢、如何输，否则为何有体育课？"是的，我知道学校在其中一些方面给了你很多操练的机会（而在别的方面则没给你），但学校并没有教你如何能做好。如果你有这种想法的话，就会让你每次都输得很惨，不停地输。无论如何，你的孩子在学校得到大量操练的机会，可以学习某些事情，但这些事情他们也全都可以在校外操练。正是在一群孩子当中，他们才学会了什么是社会上可接受的行为，什么是不可接受的行为。老师与此毫无关系。你的孩子在任何一群孩子中都能学到这些东西——当地的青年团体、足球俱乐部或娱乐场所。

这一切的重点是：让孩子上学和教育他们完全不是一回事。学校教育很重要，但还赶不上良好教育的一半重要。

学校的任务是让孩子们上学，但你的任务是教育他们。不要指望学校为你做这件事。

我知道有些在家接受教育的孩子最后比那些接受全日制学校教育的孩子更有能力、更全面发展、更成熟。这恰恰说明，要想得到良好教育，不一定非要去学校上学。我并非要你在家里教育孩子（除非你想这样做）。我只是说你不应该依赖学校给你的孩子提供任何有用的东西——除了信息，以及一些奇怪的实用技能，如如何演奏木笛或解剖青蛙。其余的全靠你了。

————————

这就是学校给你的东西：信息。

法则
047

牢记牛顿第三定律

问题是，你拼命地爱你的孩子。因此，当你看到十几岁的孩子犯错时，就会认为这些错误以后会反噬他们，真是太难了。多年来，你已经习惯于让他们犯些小错误——吃太多的布丁，或在骑车下坡时太快。随着时间的推移，错误越来越大。

因此，现在你不得不看着他们在朋友的聚会上喝得太多，或者穿着过于暴露的衣服。也许当他们在十六岁那年决定辍学时，你甚至不得不袖手旁观，而你曾希望他们能上大学，或者看着他们因为早上起床太费劲而在周六做一份出色的工作。这些比让你的两岁孩子吃太多的布丁要严重得多。赌注越来越大。

最糟糕的是，你甚至可能不得不看着他们重复你的错误。他们放弃了理科，只是因为讨厌那个老师，而他们本来可以有一个辉煌的职业生涯；或者本来已经把所有的钱都存起来了，以便为将来的间隔年做准备，然而脑子一热，却把钱花在了一辆甚至不能正常行驶的车上。你很可能曾大声地、强行地提醒过他们。但是，多年前你父母提醒你的时候，你听进去了吗？

除非你的孩子将自己置于严重的危险之中，否则你真的必须忍受。有时，即使很危险，你也别无选择。你越是想提醒他们，就越是把他们推向相反的方向。他们在寻找不喜欢的东西、可以反叛的东西，因为他们天生就被设定成这样。你用的力越多，他们用的力就会越多。还记得牛顿第三定律吗？相互作用的两个物体的作用力和反作用力大小相等，方向相反。他完全可以把它称为"青少年第一定律"。

那么，当你看到他们出错时，你能做什么？你可以告诉他们你的想法，但不要告诉他们该怎么做。要以你对一个成年人和一个与你平等的人的方式告诉他们。而不是说："我告诉你我的想法！我认为你是个愚蠢的人！"你应该多这样说："这是你的决定，但你有没有想过，如果你把钱花在这上面，你的间隔年的资金从哪里来？"像个成年人一样和他们交谈，也许他们就会像个成年人一样回应你。如果这次不这样，也许下次会。如果他们知道你会以平等的方式给他们提建议，就肯定更愿意征求你的意见。

———

多年前你父母提醒你的时候，
你听进去了吗？

|

不要刨根问底

　　青少年会做一些你不想知道的事情。当然，其实你知道这些事情，这正是你担心的原因。如果你全然不知，就会快乐得多。

　　听着，听我说，你的女儿已经和她的男朋友走得比你希望的要远。你的儿子至少吸过一口烟了。几乎可以肯定的是，有人向他们提供烟，但他们的房间里不会有任何证据，所以没有必要寻找。满意吗？很好。现在你不需要查看床垫下面或阅读他们的私密日记了。

　　你不会发现任何在你之前的成千上万的父母都没有发现的东西。事实上，你可能不会发现你自己的父母没有发现的东西。那你打算怎么做——与你家的青少年对峙？还是别这样。这会严重损害你们的关系，而他们只会把东西藏到地板下面。

　　也许你应该回想一下你在青少年时期所做的那些不想让父母知道的事情。也许你甚至到现在都还在做一些不愿意告诉父母的事情。明白了吗？你的孩子只是非常正常的青少年。如果你不对所有这些完全正常的青少年做的事情大惊小怪，他们就更有可能在事情失去控制或成为真正棘手的问题时来告诉你。这就是真正重要的一点。如果你表现得好像床垫下的所有东西都是正常的，他们就会觉得他们可以和你交谈，不用担心你会有不理性的反应。

担心根本没有意义。到了这个阶段，你必须依靠你在过去十几年里教给他们的东西。

你越是为难他们，他们就会越糟糕。所以，不要为难他们。

而且，从好的方面看，如果你不去查看他们的床垫下面，或者不读他们的日记，这反而会加强你与他们的关系。他们会尊重你，因为你保护了他们的隐私（当然，他们不会这么说），还因为你有一个足够现实和现代的观点，可以让他们不受干扰地度过青春期。

青少年会做一些你不想知道的事情。
当然，其实你知道这些事情，
这正是你担心的原因。

法则
049

你不可能搞定一切

哦，这真是个难题。我们做父母的最希望的就是让我们的孩子一切顺利。如果他们伤害了自己，我们就亲吻他们，让他们好起来；如果他们遇到麻烦，我们就帮助他们解决；如果他们伤心，我们就拥抱他们；如果有人对他们不好，我们就会干预。

但有时我们的孩子必须自己面对真正的大事情，我们无法为他们解决。而无力帮助他们的感觉是很可怕的。生活中没有什么事情比看着你的孩子受苦却无法消除他们的痛苦更糟糕。但这会发生。当有人去世时，无论你的孩子多么想念、爱戴他们，你都不能让他们回来。有时你的孩子病得很重，你却束手无策。或者孩子的父亲或母亲离开了——他们本该陪伴在孩子身边，可是却没有。

这是孩子要学习的重要一课：世事难料，有时任何人都无能为力。当孩子特别小的时候，这一课很难，他们必须要忍受痛苦。亲眼看着他们上这一课可能会令你心碎。但他们必须要上这一课，这是迟早的事，生活会在某一时刻把它教给他们，你无法决定这一时刻。你所能做的就是安慰他们，但无法不让他们难过。

所以，这条法则讲的是要接受自己的无能为力。这不一定是你的错，也没有人可以比你做得更好。这只是一种故事结束时带给你的无奈。不要自责，因为这对你不公平。生活对你来说已经够难了。你可能自己也在经历同样的痛苦，同时在看着你的孩子受苦，你真的不需要再承受更多的东西了。你需要给自己一个拥抱和一点同情。[⊖]

记住，你的孩子并不期望你创造奇迹。他们并不愚蠢，他们知道你无能为力。你现在能为他们做的就是给他们你的爱，还有很多大大的拥抱。那就这么做吧！这可能会让你们两个人都感觉好一点。

这只是一种故事结束时带给你的无奈。

⊖ 也许还有巧克力。

法则
050

不要对孩子进行道德绑架

愧疚是一些父母用来控制他们长大后的孩子的一个重要手段。有些家长会把它强加到孩子身上，让孩子感觉很沉重。但我们的孩子都很敏感，即使父母做得特别含蓄，他们也会有愧疚感。

这些愧疚感的最常见主题是"孩子"对父母的关注程度。诸如"你姐姐每周都会打电话"或"我知道你在周末很忙。我希望我也能这么说"，都是为了让孩子们为没有花更多时间在父母身上而感到愧疚。甚至还有："哦，你要是离开家，我待在这里会很孤独。"

听着，让我们把事情说清楚。你的孩子不欠你什么。我不在乎在他们生命中的头十八年里你流了多少血汗和泪水。他们没有要求出生，但你既然选择了要孩子，就得对所有这些努力负责。你欠他们很多，但他们欠你的为零。因此，如果你给孩子留下他们欠你什么的印象——时间、注意力、金钱或其他任何东西，那是绝对不行的。

当然，如果你是一个按法则行事的好家长，你的孩子会想为你做很多事情。事实上，他们实际上并不欠你什么，所以他们为你所做的付出就更显珍贵。有良心的孩子会在你年老时照顾你，因为这是你应得的，他们爱你；有些孩子之所照顾父母，是出于愧疚，但其实并不享受这个照顾过程，还会因此而怨恨父母，而这绝非你想要的。你想要的是孩子对你自由地付出时间和关注，因为你值得拥有这些。而如果你让他们感到愧疚，就永远不会得到这些。

你肯定听哪位朋友说过这样的话："这个周末我一定要去看我的父亲。我已经一个月没见到他了"或者"我今晚很忙——我妈妈每周三都会打电话来，我至少要花两个小时才能让她挂电话"。甚至你自己也可能说过这样的话。但是，你不希望你的孩子像这样谈论你。你想让他们说"我不能来了——我真的想在这个周末见到我的父母"或者"我已经有几周没有和妈妈好好说过话了，我真的很想和她好好聊聊"。所以，不要让他们感到愧疚，因为无论他们出于愧疚为你做多少事，如果没有愧疚感的话，他们为你做的事会比这多两倍，而且你会知道他们享受这个过程。

事实上，你能给你的孩子最好的礼物就是独立——不是他们的，是你的。如果你在情感上、社会上和经济上都是独立的，就能使你的孩子们摆脱所有的愧疚。这样一来，他们为你做的任何事情都是出于爱。

———————

你的孩子不欠你什么。

第六章

相爱：遇见更好的自己

相爱：遇见更好的自己

多年以来，在爱这个问题上，我观察到了无数法则，将它们汇总起来只是个时间问题。我经历过一次不愉快的婚姻（有愉快的吗？），幸运的是，我之后又再婚了，第二次婚姻非常成功。我把从第一次婚姻中学到的和在别人身上观察到的很多法则带到了第二次婚姻中。○

可是，我爱的人远不止妻子一个。我还爱我的孩子，我的大家庭，我的朋友……这本书大部分应该讲浪漫的爱情，但我想公允地对待其他几种爱。当我们初坠爱河时，会感觉像是置身于一个美丽的泡泡里，但很快生活就会恢复常态，其他的各种关系对于我们的幸福也至关重要。

如果你能和某个人建立强大、甜蜜的伴侣关系，并能终生保持这种状态，你就拥有了在生活中任一其他领域取得成功的最坚实的基础。如果其他方面不幸出现问题，它就是你最有力的支持，能让你解决这些问题。这并不容易，对吧？不过和世上所有的事情一样，它也可能看上去像是个雷区，如果你能了解那些指导原则——那些法则，并学会遵守它们，就会得到最好的机会。

○ 公平地说，我的妻子对此也有贡献。

在整理《相爱：遇见更好的自己》时，我把这些都考虑了进来，

所以分成了五个部分：

寻爱法则

恋爱法则

家庭法则

友情法则

万能法则

当你看到人们在努力对生活中这个最诡谲但也最要紧的部分进行调和时，你就会意识到：那些适用于找到那个不可捉摸的对的人的法则，与那些适用于跟他们幸福生活在一起的法则大相径庭。

美满的爱情都有两个阶段。在第一阶段，你们相遇并坠入爱河，决定要相伴。这个阶段花的时间不同，从几周到几年，都有可能。第二阶段可能会伴随你们的余生，它需要用一整套新的法则来让你们的爱情保持坚固、甜蜜。

该部分最受欢迎的法则"选择能逗你开怀大笑的人"，其实也是这个系列书中提名最高的法则，这一点很有趣。这可能也是我自己的"爱情法则"之首。所以，我在知道那么多人都有同感时还是很受鼓舞的。

法则
051

选择能逗你开怀大笑的人

我把这点放在第一位，因为对于爱情这绝对是头等重要的事。如果你看上的是一个人的外表、身份甚至性格，最终你都会后悔。毕竟，时间一长，这些很可能都会消失。就连优秀的品质都会变——自信的人可能会遭受情感创伤，从此一蹶不振；耐心的人如果生了病或遭受疼痛折磨，可能会变得易怒、沮丧。

但即使其他一切都没了，幽默感还会在。几十年后，当你们退休了，坐在摇椅里，孩子们也早已长大成人，它可能就是你还拥有的全部。如果真是这样的话，也就足够了。

笑声是无价之宝。幽默感是很个人的事情，有些人就是比别人厉害，能让我们不停地笑。如果你能找到一个能让你笑声不断的人，就和他／她结婚吧——只要他们的性别适合你。你会爱慕他们，这几乎可以肯定，因为一个能让你笑的人极具吸引力，哪怕他们的外在并非你所期待的那种。

好吧，我有点走极端了，但只是稍微有一点。就我个人来说，我娶了那个最能让我笑的人，这绝对做对了。不过，你们也许可以找你们碰到的第二、第三幽默的人。只是不要在幽默感这一点上妥协，因为这其实是头等重要的事。

还有一点，你们也要去寻找。你们要的并不只是一个能让你泛泛地笑的人。最妙的是找到一个能让你自嘲的人。这会让你更轻松地应对生活。

我有个朋友，几年前他的妻子去世了，他说他最怀念她的一件事就是她能让他自嘲。他之前没有意识到她是如何帮他做到这一点的，以及这对他的幸福是多么重要。他说他自己这些天太把自己当回事了，会为一些事情感到焦虑，而如果她还在，肯定会让他对自己忍俊不禁。

所以下一次如果你碰到某个人，她长着一双漂亮的大长腿和一双性感的眼睛，笑起来很迷人，不要立刻受到诱惑。看看她能不能不碰你就把你逗乐。

———————

即使其他一切都没了，幽默感还会在。

法则
052

—

不能根据自己的要求去改变别人

让我们假设你天生就是个爱整洁的人。我的意思是有洁癖。饭后要立即洗碗，否则无法忍受；东西用完后就立刻收起来。假设你最后找了这么一个人，他/她喜欢把东西摆得到处都是，只有杂乱无章才感到舒服。你会为了让他/她高兴把自己变成一个邋遢的人吗？那你为什么希望他们变得爱整洁？

如果你并非天生爱整洁，可能就会觉得这并不是什么难题，但如果你是那种骨子里爱整洁的人，可能就会觉得这太难了，这样的要求不合理。你是对的。

事实上你无法让别人改变，即便他们想改变，也做不到。当然，他们可以调整自己的行为，但无法改变自己的性格。你或许可以劝说邋遢的伴侣把浴巾挂好，不要扔在地上，可是我敢打赌，他们会挂得歪歪扭扭，会把你气疯。这是因为你无法把他们变成爱整洁的人——只能变成一个把毛巾挂起来的邋遢的人。还有，厨房会变成垃圾场，车里的地面脏得让人恶心（你这么看，他们可不这么认为）。

而且这并不只是邋遢与整洁的问题。有人不负责任，有人沉迷足球，有人是工作狂，有人害羞，有人很容易焦虑，你无法改变他们的这些问题。

所以，如果你无法忍受这些性格特点，就不要进入你们的浪漫关系中。不管你做什么，永远不要在开始爱上一个人时这样想："我无法应对他／她性格中的这个小问题，不过没关系——我可以改变他／她。"你改变不了，知道吗？你只会让你们都很痛苦。

我知道没人可以说是完美的——恋爱中的两个人有时候都可能会让对方恼火（包括你自己）。但你要找的是这样一个人：你愿意忍受他／她那些恼人的习惯，而不是按自己的个人要求来改变他／她。

小心，这一点也适用于那些令你极其不开心的重大问题。如果你碰到一个人，他／她什么都好，就是在情感上退缩，或者在身体上虐待你，或者一再背叛你，你也改变不了这些。请不要欺骗自己。他们可能在最初几个月或几年克制自己的那种行为，但当激情渐渐消退，生活恢复常态，他们就会回到原来的样子。别说我没警告过你。

———————

恋爱中的两个人有时候都可能会
让对方恼火（包括你自己）。

法则
053

你不能强迫别人爱你

在与内心有关的事情上，这可能是非常让人难以接受的事之一。你倾尽一生去寻找那个人，问题是，他似乎并未意识到这点。

也许你们刚刚相遇，你就已经神魂颠倒，可他似乎没什么感觉。你不顾一切地抓住他／她，坚信对方很快就会明白你们是天造地设的一对；或者其实你们已经是一对，已经在一起好几年——毕竟他／她非常喜欢你，跟你在一起又很容易——可是在内心深处你知道，对方并非真正爱你。

可能他／她迟早会告诉你，你们之间不可能，但你不想听。你竭力劝说他／她，让对方再给你一个机会。或许你会努力改变自己，成为他／她真正想要的那种人。其实这一切都伤自尊，但你不这么看。你觉得赢得他／她的爱是值得的。

不过，有趣的是，这从来都行不通。爱情从来不是这样的。你会克服种种障碍，因为达不到他／她的标准（你眼中的标准）而自责，并在这个过程中打击自己的自信和自尊，可对方依然不会爱你——爱不起来。或许他／她很温柔，会对此表达歉意；或许他／她不善良，甚至很粗暴。

全世界的恋爱关系中都会出现这一场景——两个人当中只有一个人在爱着。仔细想想你认识的一些夫妻或情侣，我敢打赌你能想出这样的例子来。

我认识这样的人，他们经历了这些，花了几个月甚至几年才明白毫无希望。之后他们又爱上了别人——也爱他们的人。

有趣的是，我认识的每个有过这种经历的人都表达过同样的想法：幸亏另一段感情最后结束了，因为目前这段好太多。

你看，不管你爱上的那个对象多么有魅力，如果他／她在这段关系中不能爱上你，那么你们就永远不会那么幸福。即便假设他／她能够爱上你，如果你需要不断克服各种障碍才能抓住对方，那也根本不值得。你需要也值得被这样一个人爱：他／她爱你本来的样子，而不是你装出来的样子。所以，一旦你意识到自己身边的那个人并不爱你，就要真正勇敢起来，结束这段关系，而不是让他／她来结束。失去他／她会让你感觉很伤心，但对保留你的骄傲却很重要，当你有一天回头看这段关系时，就会明白这个决定是多么勇敢、正确。

或许你会努力改变自己，
成为他／她真正想要的那种人。

法则
054

做个有教养的知心爱人

　　你度过了漫长而疲惫的一天。事实上，这一周你都很辛苦。你回到家，心情很糟糕，暴躁、易怒，需要找人发泄一下。还有谁会忍受呢？当然是你的伴侣了。他／她总是在那里，看到你很烦躁，一点儿也不奇怪。那他／她期待什么呢？

　　你的伴侣可能期待你对他／她好一点儿。当你从门外进来，如果站在那儿的是一个朋友，你就会想法让自己对他们礼貌一些。那么为何不这样对待你的伴侣呢？毕竟，你的伴侣可是世界上对你最重要的人。所以，他／她为什么得不到最好的待遇呢？

　　把伴侣当成一块随手可以拿起的海绵，把你的焦虑都吸掉，让你发一顿脾气，这真是太容易了。可这并不意味着这样做是正确的。我认识好多夫妻，他们动不动就会对对方感到烦躁、发脾气，甚至十分粗鲁，只因为他们不屑于对对方好。并非因为哪一方有什么过错。注意，他们都不曾体验过真正的幸福、令人艳羡的爱情。

那种老式的客客气气有什么不好呢？"请""谢谢""你是否介意"都去哪儿了？假如你想在你们的关系中真正感受到积极的一面，就要彼此礼貌、互相尊重。你们要时刻记得保持基本的礼仪，说话时要彼此尊重、善待彼此。给你的伴侣倒杯他们最喜爱的饮料，或者送他／她一个小礼物，不需要有什么理由，只有一个最好的理由——因为你爱他／她。赞美他／她，帮他／她做一些平凡的小事：把架子支起来、熨熨衣服，或者把买的东西从车里拿出来，哪怕这并非你的"分内之事"。

如果你的伴侣在外面累了一天，回到家，不要给对方把烦躁发泄到你身上的机会：给他／她弄杯饮料，问问他／她感受如何，听听他／她说什么。你要表现出兴趣。也许你可以帮他／她做点小事情，让其放松一下："听我说，你什么都不用管，我来安排晚饭／遛狗／让孩子们做作业。"你也可以给他／她放好热乎乎的洗澡水（还可以在水里滴上几滴安神油或在旁边点几根蜡烛），总之要让他／她感觉有人在乎他／她。因为你的确在乎。

如果你们有孩子，还有比这更好的榜样吗？无论如何，想想这样会给你的伴侣做出什么榜样。如果你想让你的伴侣以同样的方式对待你，那你最好做得好一点。但这不是你这样做的原因。你之所以对他／她好，并不是为了让其回报你，也对你好。你对他／她好，是因为你爱他／她，他／她值得你这样。

那种老式的客客气气有什么不好呢？

法则
055

给你的伴侣一些做自己的空间

在相处几个月或几年后，一对情侣会形成"情侣人格"，它往往大于两个人的各部分之和。你们会一起做事情，一起社交，会找到相同的兴趣，并一起开发它。

你们在秀恩爱，很甜蜜，可是却忽视了这样一个事实：你们是两个独立的人。无论你们初遇时有多少共同之处，都不重要，你的伴侣有一些属于自己的兴趣，跟你的不同。或许你们是因为某个极为热衷的业余爱好而结识的，如开游艇、遛狗或集邮，因此都想利用自己的全部空闲时间来干这些。但即便如此，你们也可能会集中在同一个爱好的不同方面上[⊖]，或者彼此也都有其他不那么重要的爱好。

你的伴侣可能需要时间来用自己的方式做自己的事情，甚至独立来做。也许他／她想抛开你和最好的朋友聚会，或是某个时

⊖　请不要问我关于集邮的细节和集邮的其他方面。

期想独处一小时左右，读读诗、做些缝纫、修理舷外发动机，或是想成为一个收藏 20 世纪 30 年代巴厘岛邮票的世界级专家。你得给他／她时间和空间来做这个，不能动不动就生气，或是妒忌或纠缠他／她。

如果你们永远黏在一起，两个人都变成了某种"连体生物"，把自己的一部分融入对方，最终就会看不到当初爱上的那个人。这对你们的关系不会有帮助，因为如果发生这种情况，就意味着一切都失去了活力和魅力，变得索然无味。

我并非在规定你们可以共度多长时间。其实我没有在规定任何事情——我只是在告诉你，如果你想拥有幸福的爱情该怎么做。有些情侣几乎从未分开过，可他们依然努力尊重彼此，给对方空间；有些情侣则几乎从未独自社交过。但对大多数情侣而言，多给对方一点空间有助于今后的关系，这意味着你们有话可说。

你可能时不时会需要一点独立空间，或许你需要很多——这也可以（在可接受的程度之内）。重要的是你要能意识到对方何时想独自干点自己的事。他／她并非在排斥你，只是在确认自己是谁。这是他／她与外界联络、让自己开心的方式。如果你不让他／她这样做，就会失去那个你爱的人。

所以，当你的伴侣对你说他／她需要一点自己的空间时，不要纠缠，不要烦躁，不要妒忌，不要做出孩子气的行为。为你的伴侣也为你自己感到高兴，因为这样可以让你们的爱情保鲜。

————————

你得给他／她时间和空间来做这个，

不能动不动就生气，或是妒忌或纠缠他／她。

法则
056

做第一个说"对不起"的人

　　成年人不争吵。当然，成年人会争论，会表达不同的意见，会辩论。当成年人感到受伤害、愤怒或难过时，他们也会说出来，因为他们会表达自己的感受。但成年人不会去争吵，即需要道歉来解决的那种。

　　哦，好吧，其实我们会。可这并不意味着这样做是对的。我们都知道应该说"当你说……时，我感觉……"，可是时不时就会忘记，于是便表现得很孩子气。别担心，大家都这样。毕竟，我们都认为是对方先挑起来的。

　　最大的问题是，当我们和所爱之人闹翻后——当然我们并不想这样做，该怎么办呢？答案就是——你可能已经从本法则的标题中猜出来了——道歉。而且，你要抢在对方前面道歉。

　　对于道歉，你的感觉如何呢？不明白为什么要道歉？或者感觉很丢脸、受了屈辱、不得不收起自己的骄傲？嗯，不要这样想。你是一个按规则行事的人，你很高大、很坚强、很自信，胸有成竹，因此一定能做到。毕竟我并不是让你在五百人面前道歉。这只是一次私人道歉，是对你最近的、最亲爱的人说"对不起"。你能做到。

为什么而道歉呢？如果你真心觉得自己是对的，这样的道歉是不是很虚伪？不，不虚伪，因为这并非你道歉的原因。你之所以道歉，是因为你让一次关于不同观点的十分正常的讨论沦落到现在这个地步。一个巴掌拍不响。你在为自己居然幼稚到让这种情况发生而道歉，为自己犯了那么多错让事情走到这个地步而道歉。

必须得有人意识到有人犯幼稚病了，既然你是那个按规则行事的人，那这个人就必须是你。如果你的伴侣也是个按规则行事的人，你想要抢在他／她前面，就必须得先行动。你必须证明，你们当中至少有一个人是宽宏大量的、大度的、开放的、和解的，是个成年人。如果你运气好，你的伴侣会回应你，让你知道其也拥有所有这些品质，只是需要你来提醒他／她一下。

不管你们因为什么争吵——大家都平静下来后，可能需要解决，也可能不需要解决——重新和好总比生闷气或恼怒要好。你们让彼此陷入这般境地，两个人都有份，所以也要两个人一起摆脱这个状况。

记住，你是在为让事情变得白热化、不可收拾而道歉。你并非在为自己的独到见解或行为而道歉。当然，除非你自己也真的乱了套。无论哪种情况，你都需要道歉。

你在为自己居然幼稚到让这种情况发生而道歉，
为自己犯了那么多错让事情走到
这个地步而道歉。

法则
057

你的伴侣比你的孩子更重要

很多人都在这条法则上栽跟头。这很好理解，但我想说的并不是这个。我之所以提出这条法则，是为了你好。你可能有很好的借口来忽视它们，但这并不意味着你就不会在这方面受罪。你真的不能忽视这条法则。

当孩子还小时，你很容易将他们在你心中的位置放到伴侣前面，如果你陪伴他们的时间最多，就更是如此。在他们长大后，他们还是会要求特别多（天知道是怎么回事），而且这时你已经习惯于将他们置于首位。最终——最终——他们离开了家。给你留下了什么？一个二十几年来你一直没当回事、现在发现越走越远的伴侣。这太遗憾了，因为在接下来的几十年，你十有八九要独自面对他们。要么如此，要么离婚，这两种情况都不太好。

我并不是说不要让孩子占据你太多时间。孩子小的时候，你的大部分时间都会被他们夺走。我有六个孩子，所以深解其味。我也不是说给伴侣的时间要超过给孩子的时间，因为这往往根本不可能。重要的是让你的伴侣成为你生活中的第一重心，即便你对孩子的责任更大，投入的心血也更多。我并不是说你应该最爱你的伴侣。你的爱很充盈，可以分给每个人，而且这两种爱也不同。不过千万不要忘记这个事实：孩子只是暂时在家（尽管这个暂时可能是长期的），而你的伴侣却要伴你一生。

你可能不喜欢这条法则，但我不在乎。这本书讲的不是该是什么样或不该是什么样，它讲的是事情本来是什么样。

那些拥有坚固、美满爱情的人——即使孩子离开家，爱情还长期幸福地存在——都遵守这条法则。

再者，你的孩子也需要你把伴侣放在第一位。如果他们知道自己在成长过程中破坏了你们的生活，如何能带着自信和有力量离开家过自己的生活呢？这往往对家中最小的孩子是个问题——随着时间流逝，他们的父母渐行渐远，而他们知道至少在父母一方的生活中，自己是最重要的那个人。如果留下来，他们会觉得被困住；如果离开，他们又会觉得内疚。有些父母甚至会说："没了你我可怎么办？"当然，你不会碰上这种情况，因为你是个按法则行事的人。

你的孩子也想走出去，进入外面的世界，找到一个自己爱的人，对他们来说，这个人比你重要。正如你的伴侣（曾经）比你的父母对你重要。如果这只是他们一厢情愿，那他们可能会很痛苦。不，为了让他们能自由自在地寻找另一个人，你也应该有另一个人。这个人就是你的伴侣。

我也不是说给伴侣的时间要超过给孩子的时间，
因为这往往根本不可能。

法则
058

满足感是一个远大的目标

你知道坠入情网的感觉吧？膝盖发软、胃部搅动、心神不宁？很棒，是吧？可是，从另一方面看，它也将你置于情感的刀锋上，让你几乎干不了其他任何事，从工作到吃饭，都很难。

有些人痴迷于此。如果没有"在爱中"，他们就会感觉自己没在活着。可是，恋爱不可能总是这样。迟早你会变得更自信、对伴侣更有把握，不会再去担忧、焦躁；你会习惯于有他/她在身边，不会一听到电话铃响就跳起来。所以，如果你对陷入"在爱中"上瘾，就必须甩掉伴侣，去爱上一个新的人。

你可能很好奇，我为什么要给"在爱中"加上引号。其实，有两个原因。其一是，并不是非得陷入爱中才会让你产生这种感觉，你可能会被误导。其实这种可能是欲望或迷恋，根本不是爱。其二是，我并不想暗示：如果你没有这种感觉，你和伴侣就并不相爱。

这种高强度的情感状态并不持久，原因有很多，也都极其充分。你因此没有了行为能力，这种状态跟你的神经和兴奋度密切相关，一段时间后，你们的关系就不会再让你神经紧张，也不会再像先前那样让你激动。你们依然可以共同做一些激动人心的事，但你们的关系本身会变得更稳定，但愿是以最好的方式。

所以如果你们的爱情过了辗转反侧、心神不宁的阶段，坚持了下来，最后会怎样呢？当然，这个因人而异。对有些人来说，接下来的一切其实并不值得；但对那些有运气、有良好的判断力、了解法则的人来说，如果一切顺利，最终得到的将是满足。

满足与小鹿乱撞、膝盖发软和焦躁不安无关。正因如此，有些人根本认识不到：尽管满足的滋味只可意会，但它的价值其实比短暂的激情不知高出多少。与某人在一起时感到满足并不意味着你们没有"在爱中"。它意味着你们深深地、真正地相爱，不需要加任何引号。

所以不要痴迷于坠入"爱河"时的那种一次性快感。你应该集中精力，确保自己按法则行事，这样，在最初的激情慢慢消退后，它会被某种更让你有收获、更能陪伴你、更温暖、更过瘾、更甜蜜的东西代替。当它发生时，不要去想自己失去了什么，而要想自己得到了什么。这就是满足——有了它，你会更快乐。

满足与小鹿乱撞、膝盖发软和焦躁不安无关。

法则
059

不要因为你太忙就冷落你爱的人

在这点上，我和大多数人一样内疚。我们很容易就会想"我好累。明天再给他们打电话"，不知不觉十几个明天过去了，我们依然没打电话。

这样真的不好。如果你想和家人关系紧密，就必须做出努力，就像对待伴侣那样。这意味着你要投入时间。你要抽出时间去看他们，哪怕他们住得离你很远；你还得想办法时不时地给他们打电话，保持联系（自己提醒一下自己）。你太容易顺其自然了。你并非有意三个月不跟他们说话，可它就是发生了。嗯，不要这样！

当然，你的家人可能并不比你好到哪里去，他们可能也没时间，甚至更糟糕。但这并不是你脱身的借口：一个错误不可能被另一个错误抵消。如果他们在这方面不行，你就更有理由要做出努力。否则你会发现，你的家庭已名存实亡。这可太让人悲伤了。

所以，如果你的妹妹总是抽不出空给你打电话、你的父亲总是健忘，原谅他们吧！给他们打个电话，或者亲自去看他们一趟。他们会感激你的，你也会为自己这样做而感到高兴。

每家都有一只迷途羔羊，他们一声不吭就跑开了，谁也不知道他们去了哪里，然后便音信全无，很久不跟家里联系。每家也都有一只"牧羊犬"，把大家聚拢起来，清点人数，看看每个人是否都很好。如果你在这个方面干的比别人多，别愤愤不平。世界就是这个样子——重要的是在所有人当中，你竭尽全力与大家保持联系。

当然，如果他们遇到难关，你一定要陪着他们。这一点你知道。

但家人最应该做的是永远提供支持，哪怕其他人都已厌倦，不再理睬。如果你家中有人遭遇了危机，他们可能需要有人能坚持几个月甚至几年来支持他们。危机过后，他们的大多数朋友很快就会把他们忘掉——他们还要照顾其他陷入危机的朋友——但家人会一直在。没错，这个家人就是你。

当然这有时会意味着你要做出牺牲：放弃本来已经安排好做别的事的计划；接听一个小时的电话，尽管此时你已筋疲力尽，只想赶快上床睡觉。但这就是彼此照顾的全部意义，但愿在你需要时，他们也能为你做同样的事。

————

当然这有时会意味着你要做出牺牲。

法则
060

你付出的越多，得到的就越多

这个法则太简单了，我都不知道自己为什么要写它。可能是因为有很多人似乎依然还没掌握它。这太让人郁闷了！

我认识一个家伙，他特别善于交际，总是有一大帮朋友。不知怎么回事，他总能找出时间与朋友待在一起，而且总是想方设法地让朋友感觉他很特别。如果朋友有麻烦，他总是会帮助他们。我真不知道他是怎么抽出时间的，因为他既要上班，又要照顾家庭。但他就是总能做到。○他是个很好的听众，很善于不停地给朋友端茶倒水、递饼干。他甚至能抽出时间来给当地慈善机构筹款。

前一段时间我这位朋友的日子不太好过。他的母亲去世了，同一时期他还丢了工作。正如你预想的那样，每个人对他报以同情，给他端茶倒水，为他打气，主动提出要帮助他。不过，奇怪的是，他似乎不太理解。他告诉我，他感激涕零，难以相信人们

○ 我猜他一定学习过时间管理。

会对他这么慷慨大方。在我看来，原因其实非常明显。他们为他感到难过，但很高兴能有机会报答这些年来他对他们表现出的善意。

我还认识一个人——一个上了年纪的家伙，他最近去世了。他人不错，但有些孤僻，不太爱和人交往。我去参加了他的葬礼，因为他是我的邻居，我想对他的妻子表达一下安慰。葬礼上只有十个人，其中五个还是他的家人。这让我难过得要死——他在世上活了八十年，就来了这么一星半点的人。

现在你确切知道我在说什么了吧。你付出了爱，但并不一定总能从那个人身上得到回报。

你对某个人的大度可能由一个彻头彻尾的陌生人来回报。不过如果你只要看到有人需要，就坚持付出，那么也会源源不断地得到回报。当然，你之所以付出，并非把它视作投资。那些挥洒爱的人绝非见利忘义、盯着能得到的回报才这样做的。是的，我知道你要吐了，可是我找不到更好的表达方式。尽管一天只有二十四小时，但是你交出去的时间越多，大家就越会回报你的爱。

我考虑过当我离世时会有多少人出现在我的葬礼上，这个想法让人冷静。但凡我有一点怀疑，觉得来的人可能比我想要的要少，我就会提醒自己再多付出一点努力来照顾所有我爱的人。

你付出了爱，但并不一定总能从
那个人身上得到回报。

第七章

破茧：认知的深度突围

破茧：认知的深度突围

在《相爱：遇见更好的自己》出版时，我收到了很多年轻读者的留言，其中很多是十几岁的孩子，还在上中学或大学。我并不特别想专门为这个年龄段的人编写一本法则书，而且无论如何这都很难，因为——正如这些读者告诉我的——这些法则适用于所有年龄段。不过，这些读者发现，从他们的角度来看，我的很多书都有些超前，如《管理：做最重要的事》和《养育：让爱不再是负担》，我确实想给他们一些更广泛的、和对其他人一样有针对性的东西。

长期以来，我一直在收集一些传统法则，经验证，它们其实并不起作用或并不可靠，是一些在我看来要打破的法则。你知道，就像"你得到什么就给予什么"或"为自己打算"这样的东西。将这些收集起来对所有"法则玩家"都是有用的，对那些年轻的读者来说，也真正有针对性。毕竟，要想拥有"不听老人言""走自己的路"的自信是需要时间的——有时甚至是一生。因此，如果有一本书能根据对现实生活的观察，证明忽视这些所谓的智慧碎片往往更好，那么这本书将真正对这些读者和其他所有人产生影响。

我只想说，出整整一本关于这些圣哲的醒世良言的书不难。我们不一定每次都要打破这些法则，但也不应该盲目遵守它们，因为它们只在某些时候适用。你可能会争辩说——当然我就会争辩——这样的话它们其实就算不上是法则。也许是建议吧。

当我开始收集这些要打破的法则时，我发现它们似乎并不能形成专门的类别。也许我可以把它们硬塞进一些粗略的类别中，但我看不出这样做有什么意义——如果它不能带来任何有用的东西的话。所以，这是唯一一本没有将内容按章划分的法则书。书中只有一百条可以不假思索地不去遵守的法则。

既然这本书被称为《破茧：认知的深度突围》，那么这一百节中的每一节都以要打破的法则为首，并以更好的、值得遵守的法则收尾。不过，这在本书会让人困惑，因为本书的其他部分都不是在这个基础上操作的。因此，我会用一些切实有效的法则来命名本书中的十大法则。

这本书中被提名的法则有很大的差异。得票最多的是"成功是什么，你说了算"和"守住道德制高点"。《人生：活出生命的意义》中也曾提及"保持高尚"，而且我发现，这是我经常提到的法则之一。这是一个可以让人顺利度过一生的基本法则。我也花了很多心思把它传给了我的孩子。

法则
061

成功是什么，你说了算

需要打破的法则：找到好工作就是成功

人们总是跃跃欲试地告诉你，如果你不做这个或那个，你就永远不会成功。我敢打赌，你听到过类似的话："你要是不努力工作 / 上大学 / 通过各种考试 / 得到一份高薪工作 / 得到一份'好'工作，这辈子就一事无成。"你知道这种事情。

可是等一下。我们是如何定义成功的？通向成功的路是否只有窄窄的一条？那些告诉你这些事情的父母、老师或好心的朋友可能在假设你想要的生活是拥有一个漂亮的房子、好多钱和一份受人尊重的工作。

让我们暂且不论他们的想法是否正确，现在先假设他们是正确的。考试考得好、上大学、在大公司找到一份工作并在公司升到管理层——这真的是实现物质目标的唯一途径吗？不，当然不是。它是一种方式，但不是唯一的方式。有很多人早早离开学校，但发了大财。

但谁说金钱和一份重要的工作是构成你成功的东西？它们可能是人们常用的衡量成功的标准，但这并不意味着它们是正确的。

唯一一个能确定什么是成功的方法便是确定什么能让你对自己的生活感到满足。对有些人来说，这可能意味着一辆华丽的汽车或显赫的职位。如果这对你有用，很好，那么这就是你的目标。

但如果你感觉这不对劲，那是因为你是这样一大群人中的一员：他们在生活中寻找的是其他东西。对你来说，成功可能意味着一个有很多孩子的大家庭，或者一份让你有足够时间探索其他兴趣的工作，或者帮助别人带给你的满足感，或者一份让你沉浸其中的工作——即使工资很低，晋升前景为零。

我认识一个人，只有当他在威尔士的荒野山坡上自给自足地生活（只有他的狗与他做伴）时，他才会感到满足，觉得自己得到了他想要的东西。还有一个人，只有当她能够在伦敦买到一套公寓并过上城市生活时，她才会感到成功——尽管她做的是非常基层的工作，而且没有任何发展前景。我的一个儿子住在他花了数年时间修复的一艘古典游艇上，他真的很开心——他并不关心如何赚钱来养护这艘游艇。他的成就感来自于修复了这艘游艇，并且用它打造了自己的家。

即使是那些渴望获得更多传统意义上的成功的人，对成功的看法也有很大的不同。有些人想要钱，以便四处挥霍；有些人想要钱，以便感到安全。有些人之所以想要一份高级工作，是为了身份，而有些人则是为了挑战。我们都是不同的。对几乎所有人来说，获得成功都意味着辛勤工作、目标明确。但只有你知道这个目标是什么。

所以，不要让任何人告诉你成功需要什么，因为他们不知道成功对你意味着什么。而你则需要思考它意味着什么，否则你就无法为之努力。

———————

我们是如何定义成功的？通向成功的路
是否只有窄窄的一条？

法则
062

你要对自己的生活负责

需要打破的法则：全世界都在和你作对

听着，我们都有好运气和坏运气。有人对我们不好，或者我们很幸运，有人宠爱我们。我们都有了不起的老师、差劲的朋友、棘手的父母、难缠的兄弟姐妹、在成长过程中支持我们的大人……各种各样的影响都有。当然，总的来说，有些人比其他人更幸运，但我们都要应对负面的东西，也要应对正面的东西。

然而，一旦离开家，这就取决于你了——无论你是谁。你不能因为生活中有那么多不尽如人意的地方而到处指责别人。这不是父母的错，不是学校的错，也不是其他任何人的错。也许在你还小的时候是他们的错，但现在不再是了。

我不是没有同情心，我不是说我不在乎，我只是说生活本来如此。除了你之外，没有人可以让你的余生变得更好。指责别人搞砸了你的童年，然后你继续搞砸自己的成年生活——这是没用的。如果你自己都不能让你的生活过得像样，为什么你认为其他人应该能做到？

指责别人有时很容易。是的，也许在你经历了那些之后，确实应该做些容易做的，但你更应该从现在开始过上好日子。而只要你让过去负责现在的幸福，这就不可能发生。你需要从所有那些对你的童年处置失当的人手中夺回你的生活控制权，并告诉他们应该如何做。

当然，这意味着你做出错误的决定、糟糕的判断或不道德的选择，都是你自己的事。但是，如果你是一个真正的"法则玩家"，这不会经常发生。一旦这些事情发生，你也会站出来承认它——就像所有那些左右你的童年的人本该做的那样。也许他们中的一些人做到了。你不会去责怪别人，因为从现在开始，你的生活是由你来决定的——无论它是好是坏。

这不仅仅涉及正确和公平，也与什么对你有用有关。你有没有注意到：那些为自己承担责任的人更快乐？他们不会觉得失控，不会觉得自己是环境的受害者。当然，并非所有的事情都在我们的控制之下，有些事情会时不时地跟我们作对，但如果我们能够负起责任，就可以采取行动把它们纠正过来——或者至少以我们自己的方式来应对后果。

如果你责怪其他人或某些事件，就会把自己变成一个受害者，而你本可以成为一个赢家。世界上有很多人证明了这一点——如果想一想，你会发现自己认识很多虽身处逆境但却不愿将自己视为受害者的人，从纳尔逊·曼德拉这样的偶像到你自己的一些朋友，这样的人太多了。

为什么不加入他们呢？

我不是说我不在乎，
我只是说生活本来如此。

法则
063

平衡一下你受尊重的权利和你的宽容力

需要打破的法则：我们都有被尊重的绝对权利

我的孩子们喜欢互相挑衅——至少在他们感到沮丧、疲惫或天气不好的时候。兄弟姐妹之间就是这样。多年前，我们愚蠢地在家里制定了一个"规矩"，不允许他们这样做。如果他们知道自己正在做的事情让某个兄弟姐妹不快活，就必须得停止。在你看来，这也许很合理——我也这样想——可是，孩子们当然有个令人恼火的习惯，那就是颠覆规则。

没过多久，我就听到他们对彼此说："别吹口哨了，这让我很不爽。你不能让我不爽，这不符合规则。"或者"你用过的刀上还沾着黄油，真让我恼火。你明知道会让我恼火还这么干，就是不守规矩。"是的，没错，他们拿着我们定的"规矩"在上面乱涂乱画，然后再在上面跳来跳去。现在，为了让第一条"规矩"有效，我们发现自己又在制定另一条"规矩"：你们必须要宽容。

当然，要阻止兄弟姐妹吵架是不可能的，确实，连想都不要想。这对他们来说是好事。但他们确实喜欢将事情弄得黑白分明，而这根本不可能。事实上，我们都有权利受到尊重，但我们也得对他人宽容，以此来调节这种尊重。否则，我们的整个生活就会变成与邻居、同事、领导、朋友和家人的一系列争论。而我们还没开始谈论社交媒体和大千世界中那些可能与你想法相左的人。

好吧，你的室友从来不记得在咖啡用完时更换它。可是拜托，他们是你很好的伙伴，而且他们把宿舍保持得干净、整洁。你不可能拥有一切。自己换个咖啡就会有这么大的伤害？那么那些跟政治观点不同的人呢？你可能不喜欢这样，但如果你想让他们恭敬地聆听你阐述自己的信念，就得允许他们表达他们的信念。尊重是双向的。

在这种情况下，设身处地地想一想他人的做法会很有用。他们是否真的是出于对你的不尊重而做这种让你恼火的事情——如果是这样，你完全有权利发起挑战（我希望是以外交方式）——还是他们就是那样的人？他们是否只是有着和你不一样的优先事项或关注点？也许他们漫不经心，但这离故意不尊重还有很大一段距离。

当你把自己放在别人的位置上时，想一想别人是怎么看你的。你有没有令人讨厌的小习惯？你是否也曾惹恼过他人呢？并不是因为你对他们不尊重，只是因为你在从自己的角度看世界？我们都会这样做，所以，当别人对我们这样做时，也许我们也应该多一点宽容和容忍。当然，除非他们是我们的兄弟姐妹。这时候很显然大家都要为自己喽。

————

尊重是双向的。

法则
064

整洁并不是道德上的高人一等

需要打破的法则：一物一位，物归其位

我从小就认为我"应该"早起、保持家里整洁、不吃巧克力，我还有很多其他类似的观念。我周围的成年人给一些根本不涉及道德层面的问题赋予了道德价值。

努力工作、善待他人、努力让世界变得更美好——这已经很难了。我们完全没有必要给自己加上各种虚假的标准，这些标准只会让我们的日常生活更加艰难，而不会给任何人带来好处。如果我不愿意，为什么必须要保持整洁——在我自己的房子里？我当然不会在大街上乱扔垃圾，但我应该可以自由决定把餐具留到第二天早上再洗。这不是什么道德问题，没有好坏之分，也不是什么美德或罪过。如果没浸泡过就洗，只需要稍微多擦拭一下即可，但这是我的选择。

不要让任何人给你洗脑，让你觉得你好像做错了什么，比如，如果你想睡懒觉的话。只要你不需要去什么地方，你可以想起多晚就起多晚。早起并不"好"。我曾经住在一个小村庄里，我隔壁的那个小老太太经常会说："我注意到你的窗帘今天早上十点才拉开。"她的语气里充满了不满，好像我是个调皮的孩子。

我有一个亲戚，每当你给她一块巧克力，她总是说"哦，我不该……"，然后把手伸进盒子里，说"我太不听话了"。不，不是的！它只是一块巧克力，你想吃就吃，不想吃就不吃，但是不要对它有任何道德感。

关于这些错误的道德观，最令人沮丧的就是，由于它们放之四海而皆准，因此已经到了会严重阻碍两性关系的地步。比如，很少有夫妻对整洁度有相同的标准。这应该没什么，只是一个需要协商的问题，即这对夫妇可以容忍家里乱到什么程度，如果过了这个度，谁会做些什么。要达成一致的就这么多。然而，事实上，几乎无一例外会发生的是，夫妻间的整个讨论在这一个假设下进行：整洁的人似乎在道德上是正确的，而更混乱的那个则从根本上就错了。为什么？仔细想想，然后试着弄明白为什么整洁会"更好"。它可能更实用，或者能帮你更快地找到东西，或者防止你被家具绊倒。但另一方面，它也更费力，更让你紧张，而且会让你花大量时间。这并不涉及道德，只是个偏好问题。

一旦你开始关注这些事情，可能就会发现自己背着各种各样的道德包袱，而你其实并不需要它们。每个人的父母和老师都会在那些充满希望地灌输给你的真正的道德观之上强加这样的价值观。所以你要质疑，不停地质疑，不要让任何人在那些除你自己之外不影响任何人的事情上让你产生内疚感。

———————

它只是一块巧克力，你想吃就吃，不想吃就不吃，
但是不要对它有任何道德感。

法则
065

人们生生死死、来来去去，没什么大不了

需要打破的法则：你最爱的人会与你共度一生

啊，如果这是真的就好了。最好的人可能确实会与你共度一生，但可能是他们的一生，而不是你的。事实是：人都会死。有些人在童年时就知道了这个残酷的事实，但很多人到老了才会直面它。也许在小时候，我们失去过某个大限已到的古怪的祖父母。但是，我们迟早会失去真正亲密的人——父母、兄弟姐妹、最好的朋友，甚至我们自己的孩子。

我之所以告诉你这些，是因为如果你还没有自己发现，这会是个可怕的冲击。尽管你在理智上无疑知道这一点，但现实比你想象的还要糟糕。而且它会一直发生，贯穿你的一生。会有一些平静的时期，也会有一些年头，你觉得周围的人都在死去。而且它会越来越难应对。你可能会更适应它的一般概念，但每个人的生命本身都是宝贵的，所以并不容易说再见，尽管之前你已经告别过很多次。

正是其他人的死亡让我们感受到了自己的死亡。我们很难相信自己会死，尤其是在年轻时。当周围的人死亡时，你开始意识到，有一天会轮到你。

但是有一件事让这一切可以接受。是的，真的，这是正常的。因为新的生命降临了，他们取代了已经离开的人的位置。我并不是说新生命取代了已故之人，而是说他们在我们的心中占据了同样大小的空间。因此，当我们度过一生时，我们的目标应该是为新的人腾出空间，他们至少和已经离开的人一样多。直到有了自己的孩子，我才真正理解了这一点。然后我意识到：如果生活停滞不前，我的祖父母、父母和老朋友可能仍然活着，但我会错过很多连我自己都不知道的事物，那就不值得了。当然，有些人的死亡永远无法让人接受，特别是那些早逝的人，以及那些给幼童的生活带来很大影响的逝者。但是，如果死亡意味着新生命的诞生，那么人终有一死这个原则就值得拥有了。不一定非要有自己的孩子才能明白它的意义，别人的孩子也可以给你的生活带来巨大的快乐（工作会减少很多）。我的祖母最喜欢的一首诗是奥格登·纳什（Ogden Nash）的《中间》（*The Middle*），她以前经常背诵它，这首诗很好地总结了我的观点：当我回忆过去的日子时，我想到夜晚会跟随黎明；那么多我爱的人还没有死，那么多我爱的人还没有出生。

新的生命降临了，他们取代了
已经离开的人的位置。

你感知的就是你想要的

需要打破的法则：情难自禁

这是上一条法则的自然延续。[一]正如我们所看到的，有些感受你当然可以控制。但是，除了别人"让"你感觉到的——或感觉不到的——还有一个更广泛的法则。

我们都会自言自语，这可能比我们意识到的还要多。这并不是发疯的迹象，只是人的天性而已。试着监听几天你的内心对话，客观地留心听你使用的语气。

有些人的内心声音是和解的、宽恕的："不要紧，你不可能什么都做。"或者"你可能没抽出时间给妈妈打电话，但你把今天清单上的其他事情都处理了。"另一些人的脑子里有一些冷酷的小监工："你真应该尽力做到这一点。"或者"可怜的妈妈，这对她不公平。她一定会感觉被抛弃、被遗忘了，这都是你的错。"

[一] 《破茧：认知的深度突围》法则 051：谁也不能激起你心中的千层浪。

如果你大部分时间都被人这样说——即使是被你自己——你很快就会感到自己没做好，感到内疚、消极、自卑。所以，如果你发现自己在这样做，请停下来，重新塑造你内心的声音。要告诉自己你做得有多好（当然，要实事求是），对自己宽容一点儿。

再说一遍，要训练自己用积极的方式思考。当你发现某个消极的想法即将形成时，在它还没有变成语言的时候，用你想要的想法去覆盖它。

这样做下去，你会发现：在几天内——如果你坚持不懈地做下去——你的情绪就会提升。这就好比你正在做一次长途旅行，在途中你把一个悲惨的、厄运缠身的同伴换成一个积极的、充满阳光的同伴。其实就是这么一回事。

一些有严重心理障碍的人利用这种方法改变了很多，我见到过这种情况。这很艰苦，但不会持续很久。它很快就会成为你的日常习惯，那时你就几乎不用再调整你的内心声音了。有时，情感上的创伤会让你稍稍退步，不过你会有办法回到正轨。

我们内心的声音与我们的原生家庭有很大关系。如果你是由苛刻的父母带大的，就很可能比那些由慈爱的、善于抚慰孩子的父母带大的人有更多挑剔或消极的内心声音。不过好消息是：只要坚持不懈，无论你是如何变成今天这个样子的，这个策略都会奏效。

我们都会自言自语，
这可能比我们意识到的还要多。

法则
067

守住道德制高点

需要打破的法则：有些人是自找的

这个我以前说过[一]，现在还要说。很多时候，你可以向别人陈述你的感受，但却不可以把它们呈现出来。我知道，这说起来很简单，但要做到却非常困难。我也理解这很艰难，但你能做到。这只需要一个简单的视野的转换，从以某种方式行事的人转变成以另一种方式行事的人。听着，无论这有多难，你都永远不要：

- 报复
- 行为恶劣
- 暴怒
- 伤害任何人

[一] 我在《人生：活出生命的意义》中说过，我不会为在这里重复它而道歉。

- 轻率行事

- 咄咄逼人

就是这样，这是底线。你要一直守住道德高地。无论遇到什么挑衅，你都要表现得诚实、得体、仁慈、宽容、友好（不管这是什么意思）。无论别人向你发起什么样的挑战，不管别人的行为有多不公正，不管他们的行为有多恶劣，你都不会报复。你会继续守规矩、有教养、在道德上无可指责。你的举止无可挑剔，你的语言温和而有尊严。无论他们说什么、做什么，都不会让你偏离这条路线。

是的，我知道这有时很难。我知道，有时候除了你之外，全世界所有人都会采取暴烈行为，而你却不得不忍气吞声，无法屈服于自己的欲望、用恶言恶语击倒他们，这真的很难。如果有人对你很凶，你会很想让自己去报复、迅猛出击。不要这样做。一旦这段激烈的时候过去了，你会为自己守住了道德高地而感到自豪，这比报复的味道甜上一千倍。

我知道报复是很诱人的，但你不会去做。现在不会，以后也不会。为什么？因为如果你这样做了，你就会沦落到和他们相同的水平，你就会和野兽而不是天使成为一体（见法则068）；因为它贬低了你，使你变得廉价；因为你会后悔。最后一点，因为如果你这样做了，你就不是"法则玩家"。报复是失败者干的事情。

占据并守住道德高地是唯一的准则。这并不意味着你是个软柿子或窝囊废。它只是意味着你所采取的任何行动都是诚实的、有尊严的、干净的。

这比报复的味道甜上一千倍。

法则
068

绕开野兽，与天使同行

需要打破的法则：人无完人

这条假法则往往只是做错事的借口。当然，我们并不总是会做对，并不总是完美；但是，如果我们把它当成一个信条来恪守，它就变成了一个逃避条款。

听着，在生活中的每一天，我们都面临着大量的选择。而每一个选择通常都可以归结为一个简单的选择：是站在天使一边还是站在野兽一边。你打算选择哪一个？还是你根本没认识到发生了什么？让我解释一下。我们的每一个行动都会对我们的家庭、我们周围的人、社会和整个世界产生影响。这种影响可以是积极的，也可以是消极的——这通常都在于我们做何选择。这个选择有时很难做出。我们会在自己想要的东西和对他人有利的东西——获得个人满足还是宽宏大量——之间左右为难。

听着，没人说这是容易的。做出站在天使一边的决定往往很难。但如果我们想在这一生中取得成功——就接近产生自我满意、幸福、满足的程度而言——就必须有意识地这样做。天使而不是野兽——这可以成为一个让我们为之奉献一生的目标。

如果你想知道你是否已经做出了选择，只要快速查看这点：如果在交通高峰期有人在你前面插队，你的感觉如何，并且会做何反应？或者你急得不行的时候，突然有人拦住你问路；或者如果你的哥哥或弟弟或最好的朋友被警察找了麻烦；或者你借钱给朋友而他们却不还；或者如果你的老板在其他同事面前说你是个傻瓜；或者邻居的树长到了你家院子里；或者你用锤子砸了自己的拇指；等等。正如我所说的，我们每天都必须多次做出这样的选择。而且若要有效，必须是有意识地做出的选择。

现在的问题是，没人会告诉你怎样做是天使、怎样做是野兽。这时你就不得不设置你自己的参数。可是拜托，这不可能那么难。我认为很多东西都是不言自明的。它是会伤害你还是会阻碍你？你是问题的一部分还是解决方案的一部分？如果你采取某些行动，事情会变得更好还是更糟？你必须独自为自己做出这个选择。

你对什么是天使或野兽的解释才是最重要的。告诉别人他们在野兽一边是没有意义的，因为他们可能对此有一个完全不同的定义。别人做什么是他们的选择，他们并不会因为你提醒他们不要那样做而感谢你。当然，你可以作为一个无动于衷的、客观的旁观者观察他们，在心里对自己说："我不会那样做。"或者"我认为他们刚刚选择了成为一个天使。"甚至是"天哪，真是禽兽不如。"但你不必说什么。

———————

我们会在自己想要的东西和对他人有利的东西——获得个人满足还是宽宏大量——之间左右为难。

法则
069

|

永远不要说"我早就告诉过你"

需要打破的法则：要让人们知道你是对的

假设你警告你的哥哥或弟弟：如果他不把车修好，它就会抛锚。他没去修。果然，他的车在深夜时分坏在了荒郊野外。或者你建议你的朋友辞职，但他们不听。现在这家公司要被接管了。或者，当你说公司要搬迁时，你的同事不相信，然后他们刚刚发现你是对的。如果事实证明你一直都对，你该如何应对所有这些事情呢？

如果你认为答案是跟他们说"我告诉过你的"，那就走到教室后面去，下课后留下来。你可以写一百遍"不能说'我告诉过你的'"。不过，当然，你是个"法则玩家"，所以你才不会有任何这样的想法，对吗？

如果你能遵循上一条法则[○]——不给任何人建议，就更容易坚

○ 《破茧：认知的深度突围》法则 073：不要提建议。

持这条法则。你可能私下里预见到了结果，但如果你忍住了，没去提建议，那就做得很好，说"我告诉过你的"也就对你没有诱惑了。

那么，说这句话有什么错呢？好吧，我们唯一用到这句话的时候就是某人发生了不好的事情，而你预测到了它。或者有好事发生时，你预测到了，而他们没有预测到。所以这句话的实际意思是："瞧！我是对的，你是错的。看到了吗？"

现在请向我解释一下，这怎么可能是一个有帮助的、表示支持的、善良的或体贴的说法。它是句真话，但这无关紧要。事实是，正在和你交谈的那个人轻则犯了错误，重则陷入绝境，而你却要说出这个事实，揭他们的伤疤。这是"法则玩家"该有的行为吗？不，不是的。

上一次有人对你说"我告诉过你的"，你很感激他们——感谢他们让你注意到他们是多么正确，你是多么愚蠢——是什么时候的事？什么时候听到这些话会让你的心里涌动着被爱和感恩的暖流？

我猜，从来没有。因为没人愿意听到这句话。所以，如果下次你是对的且别人是错的，请你闭上嘴。你知道你是对的，这就足够了。

————————

上一次有人对你说"我告诉过你的"，你很感激他们——感谢他们让你注意到他们是多么正确，你是多么愚蠢——是什么时候的事？

法则
070

不要内疚

需要打破的法则：内疚可以使你认识到自己的错误

负罪感是一种不好的情绪，相信我。不，不要因为有负罪感就开始觉得自己有罪了。我并没有说你不好。我是说有负罪感不好。有些人负罪感泛滥，这几乎总是由他们的成长经历造成的：宗教、父母、老师，过去的一些创伤。我明白这是一个非常难以摆脱的习惯。这里面有一种舒适感，就像任何成瘾的东西一样，让人难以放弃。但是，你必须放弃它，哪怕这要花上你大半生的时间。

我小时候有一个亲戚，她曾经对所有事情都有负罪感。她的负罪感太严重了，以至于不得不和朋友们谈了几个小时，讨论该如何处理这个问题。这对那些她认为被她错怪了的人来说没有任何用，但至少这意味着她可以就自己和自己的感受谈上好几个小时。因为这就是负罪感所涉及的：你。这是一种关注自己的方式，你不会感到自我放纵，因为你正在弄明白你心理上那个可耻、黑暗的部分。即便如此，这在某种意义上也是在转弯抹角地恭维你，因为你有负罪感这个事实意味着你在乎，所以你基本上是一个正派之人。

听着，我并不是说永远不要有负罪感。我们都会有。但负罪感应该只是良心发现的一瞬间，提醒你认识到你把事情搞砸了这一事实。重要的是如何应对这种负罪感。你感受到了它（短暂的）、应对它，然后它就消失了。如果你真的无法应对它——无论是出于什么原因，那么你就需要放下负罪感。因为，它对任何人都没有帮助。

如果你觉得你对某人不好，或忽视了他们，或背叛了一个秘密，或让某人失望，你的负罪感根本不会帮助那个人。真的不能，因为你没有时间去担心他们，你在忙于思考自己的观点。

我不想说得太严厉，因为大多数沉溺于负罪感中的人都与负罪感有着复杂的关系，这种关系可以追溯到很久以前，而且他们中的大多数人真的并不是自私。另一方面，我确实想严厉一点，因为——如果你就是这样的人——你值得拥有更好的生活状态，而不是花这么多时间无谓地痛斥自己。你正在损害自己的自尊，你需要了解发生了什么，这样才能停止这样做。

因为你真的必须停止这样做。一个原因是：你需要去考虑你觉得被你亏欠了的那个人或那些人。去解决它，先不要考虑自己。然后一旦你解决了，也就不需要考虑自己了，因为一切又都正常了。你可能会为自己所做的事感到后悔。希望你能从中吸取教训，但你没必要再有负罪感。

容易有负罪感的人的一个共同点是：总是对特别琐碎的事情有负罪感。我记得我的一位老年亲戚烦恼了几个小时，因为她答应去看望一个朋友，然后发现自己有一个会议，所以不能去。我不明白她为什么不直接给那个朋友打电话说："对不起，我错了，我安排重了。周三晚上怎么样？"作为一个成年人，我现在明白，她做不到这样。解决这个问题会使她失去一个产生负罪感的借口，而负罪感可以让人沉溺于其中难以自拔，不是吗？

———————

这就是负罪感所涉及的：你。

第八章

人际：看不见的影响力

人际：看不见的影响力

如果没有他人，生活会很容易。

我的意思是，我们的生活会特别空虚，可能相当无聊，肯定没有那么多的回报……但会更容易。我们遇到的大多数问题都与他人有关，无论是为他们担心，还是为他们感到困惑，或是与他们发生冲突。

《人际：看不见的影响力》的焦点是人。它们来自于对人的观察，讲的是人——你和我——如何能够改善自己的生活。因此，在《人际：看不见的影响力》中，正面解决他人的问题是有意义的，阐述我在观察人的过程中学到了哪些应对人的方法同样有意义。我们都认识一些在冲突中度过半生的人，也认识一些似乎从未与任何人闹翻的人。是什么让他们的做法与他人不同？我们又该如何向那些受人爱戴和尊重的人学习——他们似乎与每个人都相处得很好，不会被人踩在脚下？

当我想到在生活中交往的所有人时，我意识到：避免冲突只是我想改善的一部分。我知道，当我了解那些挑战性行为背后的驱动因素时，就可以更好地应对它们。我意识到，我之所以有时夜不能寐，是因为我想知道如何在我爱的人陷入困境时帮助他们；除此之外，我还想在力所能及的范围内帮助其他人。还有一些时候，我需要说服人们接受我的思维方式，无论是在家庭中、工作中，还是在其他正式场合，如与邻居打交道或在一些当地组织中。

《人际：看不见的影响力》有四个部分：

了解人性

帮助他人

让人们站到你这边

学会应对难相处的人

我对"难相处的人"这个词总是微微感到不安，因为总的来说，人们不是无缘无故地难对付。即使他们认识到自己的行为给你带来困扰，他们一般也不会把自己看作是"难相处的人"。他们一般认为自己的所作所为很合理，而且我想，我们大多数人有时都会难对付。不过，我们都认识这样一些人：我们会反复发现，这些人在某些方面很难对付。幸好有一些法则至少使我们更有可能与他们和谐相处。

本主题中有几条法则最受欢迎，特别是"调侃不是逗弄"。这个话题越来越被媒体广泛报道，可能很难驾驭。我们都喜欢善意的调侃，但我们也知道，对被调侃的人来说，那种感觉并不总是跟我们想的一样；或者那个人可能就是我们，而我们不知道该如何说这样做是不对的。

法则
071

人们只相信他们愿意相信的

我最近读到一些有趣的东西。研究人员找到两组对某一话题持相反政治观点的人，分别给了他们一些有关该话题的统计数据和其他相关数据（铁的事实）。他们发现，无论人们站在哪一边，都相信那些事实支持他们的观点。

我们所相信的不仅仅是客观事实，而且它与我们的整个世界观有关——这是一个复杂的组合，包括我们所受的教育、我们过去的经历、我们的朋友相信什么、我们想打动谁，以及我们如何看待自己。整个"信念"的概念经常被用于指精神性的方面，因为它不但与事实密切相关，也与信仰密切相关。这是无法辩驳的一件事——无论你多么想辩驳。

你还记得最后一次与某人进行激烈的政治辩论，而对方最后说"其实，你的观点很好。你说得很对。我已经改变了想法"是什么时候吗？这几乎从未发生过。因为我们都在对事实进行辩论，但它们只是构成我们信念的那个事物的一小部分。比如，一个种族主义者和一个非种族主义者在相互争论时，会引用大量关于移民对就业市场的影响或市中心贫民区犯罪率的统计数据，但这些数据并不是他们坚持自己观点的真正原因，所以这不可能改变他们的想法。

真正发生的情况是：我们在直觉的基础上形成了自己的信念，然后对它进行后理性分析——寻找事实来支持那些我们已经决定要相信的东西。只是我们并未意识到这个过程，因此会欺骗自己，认为自己的观点比对方的观点更有逻辑意义。这就是为什么与他人（当然，那些已经站在你这边的人除外）讨论政治或宗教真的没什么意义。问题是，文字、事实、统计数据——你手头的辩论工具——永远不会改变人们的信念。

通常情况下，你所做的一切都无法改变他们，你是在浪费时间。这并不意味着某个人不可能改变其信念。但能让他们改变的是一种沉浸式体验。他们必须亲自去体验它——你不能替他们做。

多年来，你可能已经改变了自己的信仰——或是突然发生，或是几乎难以察觉地发生。所以，回头看看自己的转变：为何不再投票给保守派、为何不再赞同私立教育、为何认为也许花生酱和果酱确实可以一起吃。

你有多少次会说这种转变是与当时不同意你观点的人讨论的结果？我敢打赌，你的回答是几乎没有。你的转变是因为你住到了一个新的地方，或者认识了一群可以影响到你的人：或是改变了你的个人情况，或是教你以不同的方式看世界。换言之，没人能替你改变你的信念。你自己的生活经历改变了它们。

当你再次与一个持有你认为是愚蠢的、不合逻辑的或在某些方面站不住脚的观点的人进行激烈辩论时，请记住这点。我并不是说你不应该为你的信仰站出来，只是要在让对方改变主意方面现实一点。

他们必须亲自去体验它——
你不能替他们做。

法则
072

调侃不是逗弄

你可以在这个问题上与我争论这个词的语义。有人将其归类为调侃，其他人则可能称之为戏弄或欺凌。不管怎么说，上一条法则⊖讲的是亲昵和无害的玩笑，而这一条则是关于我所说的戏弄和公然的欺凌之间的那个地带。我用调侃这个词来表示做一些让对方不高兴的事情。不过，这个灰色地带最明显的特征是：肇事者并没有让对方不高兴的意图（而欺凌则是持续、故意的伤害），可他们却做了让人对此误会的事。

欺凌的一个有趣之处在于，我们很难客观地评估它。在工作中，有人可能会以开玩笑的方式对你说一些话，你可能会觉得很有趣，并机智地反唇相讥，而且很享受这个过程。但是，同样是这个人，如果他/她对你的一个同事说同样的话，你的同事可能会感到难过。在这种情况下，很难说发表这种言论的人在欺负人，他们无意让任何人不高兴，可是……好吧，他们已经让某人不高

⊖ 参考《人际：看不见的影响力》之法则 022：狂放、疯癫并不总是有趣。

兴了。因为这不仅仅与你说了什么，甚至还跟怎么说及对谁说有关。

这就是我所说的调侃的灰色地带。很显然，这不应该发生，因为有人已经不高兴了，这绝不是好事。但是，当你的同事评论你时，我并不称之为调侃——那是亲切的戏谑，是善意的。所以，你的同事可以对你做这样的评论，但不能对其他同事做这样的评论。同样的评论，同一个评论者，不同的法则。令人困惑，不是吗？问题是，我们都有着不同的经历，对世界也有不同的看法。某句话会伤害到一个人，而对另一个人来说却无所谓，其中肯定有原因。当然，你不知道这个原因是什么，也不知道在发生之前他们会有什么反应。

这意味着，当你说这种玩笑话、调侃的话时，必须对对方的反应保持警惕。如果你明显越了界，但在认识到这一点后并没有重复玩笑话，这就是你所能做的最好的事情。如果你继续说这样的话，你就走偏了，不断靠近欺凌地带，这很危险。是的，你说了一些话，而且知道它会使另一个人难过。这就是欺凌行为，你无法躲避。同样，任何人——即便是你的朋友——一旦在知道自己会使某人不快后依然坚持发表评论，他/她就在成为一个欺凌者。

最糟糕的调侃情况往往发生在一群朋友当中。在这个场合下，对群体中某个人的持续调侃会有助于巩固"部落"。例如，每个人都开玩笑说某人有多矮，因为这已经成为那个能将你识别为该部落成员的行为的一部分——通常情况下，群体中的每个人都会因为某些特征而被刁难。同时，那个被开玩笑的人也想留在部落里，但其实很讨厌被人嘲笑其身高。他觉得自己被欺负了，但又觉得不能直接这么说。

群体内的调侃可能会成为一种严重的欺凌形式。在这种情况下，受害者并不能表达他们受到的伤害，因为这会削弱他们的部落成员资格。可是，他们却又无法离开部落。当然，作为"法则玩家"，我们需要确保这种情况不会在我们的朋友中发生，一旦发生，永远不要加入，并尽最大努力制止它。不容易，但我们必须尝试。

任何人——即便是你的朋友——一旦在知道
自己会使某人不快后依然坚持发表评论，
他/她就在成为一个欺凌者。

法则
073

觉得自己很渺小的人会夸大自己

几乎所有欺凌者都是这么干的：贬低他人，并尽最大努力将其变成受害者。为什么？因为受害者对欺凌者是顺从的——或者，换一种说法，欺凌者占主导地位，更强大，更有控制力。这就是欺凌者想要的感觉。为什么想要这种感觉？因为在内心深处，他们感到无能为力。也许有人在支配他们，也许他们感觉生活不受自己控制，也许他们暗自害怕。

他们不仅可以通过压低别人而让自己感到更强大，往往还能获得（或觉得自己获得）其追随者的尊重和钦佩——事实上，这些追随者之所以经常围绕着他们，目的就是为了不让自己受欺凌。

人是复杂的。当然，没有什么可以为欺凌行为辩护，但你可以理解其背后的原因，而且不必宽恕欺凌者的应对方式。不过，如果你是受欺凌者，或你所爱的人是受欺凌者，你会对这种欺凌行为感到愤慨，但如果能了解该行为的产生根源，往往会对你或你所爱的人有所帮助。而且，如果你能以欺凌者看待自身的眼光——软弱、无力、受害——来看待他们，就不会那么害怕了。

显然，这种认识不会阻止欺凌行为，不会使一切安好，也不意味着问题会消失。但是，当你知道这个过程并没有让欺凌者开心——这只是他们长期不开心所表现出的症状，这个问题就会变得不那么难以忍受。

这些年来，我遇到过很多欺凌者，但我想不起来他们当中有哪个是真正快乐的。我认识的那些真正快乐、自信、胸有成竹、放松的人从不欺负任何人。为什么要这样做？这对他们来说没有任何好处。

有时，理解一个人为什么欺负人可能是解决事情的关键所在。对于受欺负的人来说，要做到这点是非常困难的，不过并非不可能。好的学校在解决这方面问题上的成功率很高，好的经理或好的家长往往也可以在其团队或家庭中厘清这样的问题。关键是要倾听欺凌者的心声，找出使他们感到无力的原因，并帮他们解决问题。帮助一个行为如此恶劣的人似乎有反常理，但如果这能改善每个人的情况，就一定有意义。此外，欺凌者往往确实需要帮助，他们为自救而选择的糟糕的方式给我们带来了愤怒且造成了伤害，但我们不能被这些所蒙蔽。没有人会想："我打算尝试欺负别人，这可能会让我感觉更好。"他们本能地做出了欺凌行为，并未经过深思熟虑，而且大多数欺凌者都不承认别人对自己的控诉。他们认为自己很无力，是受害者，因此在他们看来，这可算不上欺凌。

―――――――

这些年来，我遇到过很多欺凌者，
但我想不起来他们当中有哪个是真正快乐的。

法则
074

每个人都有不安全感

你有没有在工作中做过演示？这可能很可怕。也许不是每次都这样，但在实现目标、给老板留下好印象及对更高级的管理层产生影响方面，可能很多都取决于演示。你感到焦虑、担心，你当然会这样，因为这很重要，绝不能出错。

别人做的演示似乎很娴熟、漂亮，他们看起来很自信，就像只不过是在为自己做一个三明治或去散步一样。这没什么——以前做过无数次。为什么会出错呢？

你知道，这都是表演。在内心深处，他们和你一样紧张；而在外表上，你可能看起来和他们一样平静、自持。怎么会不担心呢？他们的演示和你的演示同等重要，所以要是不担心就太奇怪了。

是的，我知道有那么几个非常幸运的人，他们在做公众演讲时极其自信、极其富有经验，因此的确不会感到焦虑。但这些人比你想象的要少得多。还有少数人不会像你那样紧张——同样，这些人比你想象的少得多。即使你呼吸艰难，认为自己会晕倒，你这样的人比你想象的多得多。

还有一个情况。那些真的觉得演讲易如反掌的人，全都会在其他情况下感到紧张、缺乏安全感。每个人都会这样。虽然程度不尽相同，但每个人都能承认有这种感觉。那些其他情况可能是参加聚会、不得不给人做饭、游泳、工作面试、对一段关系做出承诺、碰见蜘蛛、到医院治疗、做爱。我们都是自己经历的产物，没有谁在生活中没有那种导致不安全感、担忧和焦虑的经历。

如果你想了解别人（这也是拥有最有成效的人际关系的方法），就得知道，无论某人看起来多么自信，他们都会有自己的不安全感。它们隐藏在某个地方，你可能永远看不到它们，但可以确定它们就在那里。一个在你看来特别自信的人有时会以完全出乎意料的方式行事，或许是因为：在内心深处，他其实感到很渺小、很焦虑。我认识这样一些人：如果他们要去做一些对他们来说似乎有点可怕的事情、觉得压力很大，就会有生气的倾向，即使这压力是他们自己给自己施加的。有些人会沉默不语，或是表现出戒备，或是想出各种虚假的论据来反对某种行动方案。他们要么并未认识到自己的不安全感，要么不想承认它，但这就是背后的原因。因此，要注意那些隐藏的不安全感，当你发现它们时，要善待它们。你知道那是什么感觉。

或许是因为：在内心深处，他其实感到很渺小、很焦虑。

法则
075

青春期的孩子之所以讨厌你，
是因为爱你

有一天，我的一个正处于青春期的孩子主动走过来给我一个拥抱。当我举起手臂想回抱他时，他说："走开！不要碰我。"这就是青春期孩子的本质，一言以蔽之。

青春期的核心是一个两难问题。一方面，他们在本能驱动之下想要独立；另一方面，他们害怕长大，希望你能永远照顾他们。

这就是为什么他们可以同时希望你拥抱他们，又不希望你碰他们——他们的心中有一半渴望得到安慰，而另一半则知道是时候独自行动了。几乎不可能在这两个相互冲突的驱动力中间找出一条稳定的路线，所以他们会花很多时间在两个极端之间翻转。有些青春期的孩子真的可以上一秒还在告诉你他们恨你，下一秒就趴在你的肩膀上啜泣，如果不爱你，他们根本不会这样做。他们之所以恨你，正是因为他们觉得自己对你的爱正在把他们从长大成人的过程中拉回来，而他们知道，自己必须长大。

多年来，我观察到了这样一个情况——只有在其他重要力量起作用的情况下才偶尔有例外：那些觉得青春期很艰难的孩子往往是那些有非常强烈的独立意识，但也极其没有安全感的孩子。他们在这两个距离最远的极端之间翻来覆去。那些觉得青春期整体很好过的人往往是那些有强烈的安全感、非常自信的人，他们不急于变得独立。

当然，大多数青少年处于这两个极端之间，但你可以明白这个观点。所以，如果你是家长，就要尽可能地帮助你的孩子变得独立。他们越早掌握成人的技能和习惯，就会越早地认识到：其实成为一个成年人根本没那么可怕，他们可以做到。这就是为什么你必须停止为他们做决定、照顾他们、为他们提供衣服和钱、安排他们的时间。这些不是一下子就能做到的，你需要慢慢退出——从他们两岁左右开始。

成为一个成年人在情感上是很艰难的，无论你从小到大练习了多少，这就是为什么孩子们偶尔会突然需要一个拥抱。在这之后，他们会再对你咆哮或发脾气，让你知道为什么你在他们的生活中只是个阻碍（尽管再过五分钟，他们就会向你要钱、求搭车、让你帮着做作业、再要钱、让你帮着找袜子、允许用房子开派对、继续要钱）。

一旦他们觉得自己已经成功地步入成年，那么你们双方就可以再心照不宣地拥抱了。但首先你可能要经历这样几年：在这期间，你根本不知道他们的心情从这一刻到下一刻会如何变化。因为他们也不知道。

成为一个成年人在情感上是很艰难的。

法则
076

有些怪人很了不起

作为一个社会物种，我们都很传统。我们喜欢我们了解的东西——当然如此。我们对我们了解的东西感到安全。这既适用于人，也适用于一些情况。你可以从一个人的穿着、言语、行为、发型中看出很多东西。当你新认识某个人时，几乎立刻就能把他们归类。你能看出他们是什么类型的人。

因此，当你遇到一个让你无法归类的人时，你就会感觉很不安。有的人很突出，与众不同，这让你觉得一点也不安全。从很多方面看，如果可能的话，最简单的办法就是避开他们。特别是下面这种情形：他们不仅看起来很奇怪，而且似乎遵循不同的社会规则——你知道，他们不知道该站在哪里、什么时候说话或者如何称呼别人，而这些都是不言而喻的。有趣的是，这一切都与融入他人有关。

如果你去的地方每个人都是这样，这便容易接受了，因为它就是规范，是意料之中的。这时那些怪人就根本不是怪人了。我曾经在英格兰西南部的格拉斯顿伯里住过，那是嬉皮士聚集的地方。我的一个朋友曾经把他们描述为"喜欢彩虹色、不梳头、一次把所有衣服都穿身上"的人。他们还经常谈论脉轮和治疗用水晶，以及世上为何没有所谓的巧合⊖，因为一切都已"注定"。如果你在格拉斯顿伯里遇到这些人——你会的——你甚至不会注意到，因为他们已经融入了人群。但如果同一个人出现在办公家具销售会议上，你肯定会把他标记为怪人。同一个人，不同的场景。

当然，如果你是一个在办公家具行业工作的嬉皮士，就可能会把彩虹装留到休息日再穿。但这些人所做的正是在各种场合下特立独行，而不是与人群融合。不管这是他们刻意的选择，还是因为无法认识到其影响，其实并不重要，关键是他们只是在做自己。这其实挺让人耳目一新的，你不觉得吗？

一旦你走出安全区，与这些人交谈，就会发现：他们可能是最有趣、最能激励别人的人。当然，和所有人一样，他们当中有些人可能也很乏味或不友好，但其概率并不比其他群体高。有时他们有着神秘的背景，让我们明白他们为什么会出现；有时他们在工作上特别出色；有时他们特别善良。他们就像我们一样。

如果你为了稳妥起见，跟这个世界上的怪人保持极安全的距离，你就会剥夺自己认识某个可能给你的生活带来真正正能量的

⊖　如果你想一想，这将是最不寻常的巧合。

人的机会。而且你还错过了另一个机会：让自己认识到走出安全区会丰富自己的生活。所以，有什么可失去的呢？不要再回避那些你不太了解的人了，去发现关于他们的第一手资料，看看他们到底是怎样的人，什么对他们是重要的。

这些人所做的正是在各种场合下特立独行。

法则
077

倾听人们没有说的

上一条法则⊖讲的是如何帮助他人解决那些他们认识不到的问题。这条法则略有不同,你可能经历过这种情形:对方告诉你有一个问题,但无论你怎么努力,似乎都无法解决这个问题。

发生这种情况是非常令人沮丧的。虽然这不是恋爱关系所独有的,但它在伴侣之间的确最常见。其实,对方提出的那个问题掩盖了一个更深的问题。因此,无论你做什么来解决这个可见的问题,都只是在治疗症状。你需要发现潜藏的原因并加以应对。

对方往往也没有意识到发生了什么,这一事实可能会让这个情况变得复杂。他们可能真的认为他们所说的症状就是问题的全部。让我们举个例子。你的伴侣抱怨你做的家务不够多。所以,作为一个乐于助人并希望你们之间关系和睦的人,你要么开始做

⊖ 参考《人际:看不见的影响力》之法则 042:学会特异功能。

更多的家务，要么理性地谈论为什么你做不了那么多家务（比如，你的工作时间很长）。你的伴侣同意了，但问题并没有消失——或许有了一些转变。下一次你可能还是没洗碗、没整理花园、没购物（都是你分内的）。

一旦你意识到问题并没有消失——要么它只是稍微转移了一下，要么尽管你认为你已经解决了它，但它还是不断出现——你脑子里那根弦就该动一下，你需要恍然大悟。

它应该引发你意识到：你的伴侣所描述的问题并不是真正的问题。

一般来说，你们之间存在的那些问题就像一座冰山。你们讨论的是那些看得见的问题，但在水面之下，还有一个更大的问题潜伏着。那是你要管的，是你需要解决的问题。

在我刚才举的例子中，真正的问题几乎无一例外总是这样：你的伴侣觉得你没有把他／她当回事。是的，你开始偶尔用吸尘器清扫一下家里，但这并不意味着问题就消失了，没这么简单。你解决了你的伴侣提出的问题——家务——但没有找出导致这个问题的根本原因。

你看，如果你的伴侣感到自己被重视，就不会关心谁熨衣服的次数最多。他／她会知道你欣赏其所做的一切，而且你在其他方面也对家里有贡献。家务事真的不是重点。你需要考虑整个问题，即如何帮助你的伴侣感到被重视。这才是最重要的。家务事可能是其中的一小部分——但实际上，如果你能解决根本原因，就很可能会发现：谁做哪些清洁、烹饪和购物之类的家务已经不再重要。

在水面之下，还有一个更大的问题潜伏着。

法则
078

孤独是一种心理状态

我猜你像我一样，一想到孤独的人，就会想到独居的老人。的确，很多独居的老人感到孤独。然而，孤独本身与你的现实情况无关。它是一种情绪，它与缺乏与他人情感上的亲密而非缺乏现实中的亲近有更大的关系。

这意味着有些人尽管与他人接触很少，却能感到快乐、满足、满意。也许这正是原因所在。为能得出符合逻辑的结论，我们可以想一想那些隐士：一般没人会认为他们是悲惨的、孤独的，因为他们自己选择了这种生活方式。

此外，这也意味着有些人花很多时间与人为伴，但即便如此，依然感到孤独。这些人可能是青少年，也可能是退休人员；可能害羞，也可能爱热闹；可能是单身，也可能已婚——令人吃惊的是，在缺乏亲密情感的婚姻中，太多人感到孤独。

我有一个朋友，他独自生活了多年，非常快乐。之后他遇到了一个女人，他们相爱并结婚了。许多年后，她去世了，只剩下他一个人。他告诉我，他感到难以置信的孤独。尽管他现在的境况与遇到她之前的境况完全相同，但那时，他很享受单身。我问他到底发生了什么变化，他告诉我："我知道我现在失去了什么。"他与妻子在一起时有一种亲密感，这是他以前从未有过的。现在她不在了，他无法停止想念。

首先，这使我们明白：如果有人告诉你他很孤独，让他去加入某个俱乐部是不会解决他的问题的（尽管我希望不要去告诉别人什么对他们最好）。对有些人来说，这确实是个好办法——特别是如果随着时间的推移他们交上了亲密的朋友的话，但对很多人来说，这根本没有任何意义。

很多人觉得承认孤独很难。如果他们艰难地承认了，不要因为他们已经结婚或有个大家庭、有繁忙的社交生活、有一份经常与人打交道的工作而感到惊讶或难以置信。任何人都可能感到孤独，不管他们的境况如何。

同样，鉴于本节讲的是如何帮助别人，如果你的某个朋友看起来不开心，而你不知道为什么，考虑一下他是否可能感到孤独，无论其境况如何。特别是如果他的孩子们刚刚离开家或他的婚姻不是很幸福、他的父母之一刚刚去世，在这些情况下，你尤其要考虑孤独的可能性。

孤独的人比你我所能想象的要多，如果想帮助他们，我们就要把自己表现为一个可以真正与他们沟通的人，而不仅仅是一个可以和他们谈笑风生的人——尽管也需要这样。然后，当他们需要跟人说话，并且他们有信心敞开心扉时，就会认识到我们是合适的朋友，我们可以帮助他们略微消减孤独。

————

它与缺乏与他人情感上的亲密
而非缺乏现实中的亲近有更大的关系。

法则
079

将自己的想法归功于别人

　　这是把人们拉过来的另一个方法。我在上一条法则⊖中说过，人们总是会接受他们自己的想法，所以你得利用这一点，并将其付诸行动。如果再说得细致些，可以说，人们总是会接受他们认为是自己想出来的想法。因此，从逻辑上讲，只要你能让别人相信那是他们的想法，就应该能够让他们接受几乎任何想法。

　　如果这个方法奏效，那么每个人都是赢家。你很高兴，因为你的想法被采纳了。他们也很高兴，因为在他们看来，是他们的想法被采纳了。你们还有什么不满意的呢？

　　我应该指出：这个策略比较微妙，在计划的早期阶段使用效果最好。如果你和某人因为想法冲突而闹翻，然后你突然说服他们你的想法其实是他们的，这种思路就很不可取。这个策略更多

　　⊖ 参考《人际：看不见的影响》之法则 062：人们通常会认同自己的想法。

的是要你在早期就识别出那些可能成为反对声音的人，并让他们从一开始就站在你这边。这永远是最令人高兴的做事方式。

我认识一位学校的董事会主席，她觉得这个方法非常宝贵。作为一个非执行性的角色，她的工作就是试图在一群不同的人之间找到共识、达成协议。如果校董事会不团结，对学校的高级管理层是没有好处的。因此，每当有一个战略性决策即将出台，而她知道其中一个董事可能会抵制该决策时，她就会采取这种策略。

那么如何做到呢？这一切都与归功有关。一旦你把某个想法归功于某人——最好是在其他人面前，他们就很难说"这不是我的想法"。当他们不能完全确定这究竟是不是他们自己的想法时，就尤其不会这样说。在这方面你不能采取高压态度——你得让他们相信那是他们的主意。因此，要注意听他们说的每一句话，你可以利用这些话来扭转局面。假设学校正在考虑扩建，某位天生厌恶变化的董事说："招收更多的学生会使这个地方感觉不像个学校，而更像一所大学。"你可以回答说："我非常同意，实际上随着我们的学生年龄的增长，他们需要扩大视野，为大学做准备。这是一个非常好的观点，谢谢你。"

另一种方法是告诉别人，"真有趣，正是你上周提出的那个观点让我意识到这是一个多么好的主意……"或者"这真是一个好主意，如果我们也……"你不能把话放在别人的嘴巴里，但你可以把他们说的东西发展成你希望他们相信的东西。

　　要小心，要含蓄。记住：只有在他们对自己感觉良好的情况下才会奏效。

————————

　　一旦你把某个想法归功于某人——最好是在其他人
　　　面前，他们就很难说"这不是我的想法"。

法则
080

恰到好处地致谢

我们都喜欢被感谢。陈词滥调，但却是事实。不仅如此，人们会感谢别人感谢了他们（如果你明白我的意思），所以感谢他们的行为会让他们下次想为你做到最好。毕竟，他们可以非常肯定自己的努力会被注意到、自己的贡献会被重视。因此，每个人都是赢家——你从他们那里得到了你需要的东西，而他们也会感觉良好。

感谢别人是一门艺术。尽管几乎只要感谢就比不感谢好，但有许多细微的方式来表达感谢，而找到最好的方式需要真正的技巧。

第一件事是要掌握好程度。一旦你仔细考虑这一点，这并不难，但如果你不假思索地脱口而出，就很容易出错。你不想感谢得过头或不够，对吗？别人只是做了相对比较小的贡献，你却小题大做，这会让人感觉你在屈尊俯就，或是感觉很尴尬。同样，如果别人为你付出了巨大的努力，放弃了大量的空闲时间，你也不想低估他们对你的帮助，在离开房间时仓促地说了一句"哦，顺便说一句，谢谢……"这些做法都不合适。

他们做了什么呢？在说谢谢之前，你要想清楚这个问题。哦，好吧，你不需要在别人每次给你泡茶的时候分析该感谢他们什么，但是当他们在某个项目上辛勤工作或帮你安排你的婚礼、连续几天听你抱怨、花几个小时为你研究东西的时候，你需要想清楚，这样你才能告诉他们。

这就是真正有价值的感谢的核心所在。要让对方清楚地知道你在感谢什么。无穷无尽的耐心？牺牲了的那些夜晚？对细节的关注？善意？危机之中的冷静？用语言告诉他们——永远不要假设他们知道。是的，他们知道自己做了什么，但他们不知道你重视他们的付出，除非你告诉他们。你可以说出来或写出来，但要讲清楚。

接下来想想要如何说"谢谢"。这不仅仅与这个人做了什么有关，还要考虑他是什么样的人。有些人更喜欢私底下的感谢，有些人会喜欢你送他们礼物，有些人可能会喜欢一张措辞得当的卡片，有些人则希望得到公开的感谢。不要漫不经心地把一瓶酒送给滴酒不沾的人，或者把一束百合花送给有花粉热的人，或者为讨厌惊喜的人举办一场惊喜派对。

意想不到的感谢比刻意感谢更有价值。一张纸条、一件小礼物、一个特别的电话、突然说声"谢谢"，都比那些约定俗成的感谢——如在学校音乐会结束时感谢指挥家——有价值得多。这意味着——我希望你能认识到——你真的需要认真思考：你是否对一个真正值得感谢的人只是常规地表示了感谢，如果你想让他们感觉自己得到了恰当的感谢的话。当你不得不说的时候，要让它听起来很真诚，这需要做出很大的努力。做到这一点的方法是尽可能地具体化、个人化，好让他们知道，你真的注意到了他们为你做的事情。

———————

他们知道自己做了什么，但他们不知道
你重视他们的付出。

第九章

思考：多维度判断与决策

思考：多维度判断与决策

我们把自己的思考能力视为理所当然，以至于大多数人甚至未能意识到并没有充分利用它。如果你也像我一样在收集法则，那么你很快就会注意到（只是个时间问题）：很多极其幸福、极其成功的人的思维方式与其他人略有不同。比如，你认识的最有创造力的人在多大程度上是天生如此，又有多少是归功于他们的思考方式？顺便说一下，我无法回答这个问题，只能说我知道这不全是基因的问题，因为我看到有人通过学习能更有创造性地思考。我自己也是这样做的。

当然，这不仅仅是关于创造力的。机智的思考可以使你更有复原力、更健康，在工作和更广泛的生活中做事更高效，并且更善于解决问题。它可以帮助你变得更有组织性、更容易做出决定。它能让你的大脑保持活跃状态，让你的思想保持健康。这些思考法则并非某些技巧和技术，它们讲的是人们该有何种心态，以及该如何对待思考。在很多方面，它们是教你清除那些阻碍你清晰思考的障碍，解放你，让你能够做出更好的决定、更有创造力，并能更健康地思考。

《思考：多维度判断与决策》分为九个部分：

独立思考

韧性思考

健康思考

条理性思考

创造性思考

求解式问题

一起思考

决策性思考

批判性思考

正如我通过模仿那些机智的思考者所发现的那样，操练这些法则的好处是：它让你看到你可以更有效地使用你的大脑；当你这样做时，你会变得更快乐、更放松、更有组织性、更有协作精神、更高效。

到目前为止，《思考：多维度判断与决策》中最受欢迎的法则是健康思考中的"保持正念，活在当下"。这是一个帮助人们减少焦虑、压力和抑郁的法则，估计对那些投票支持它的人来说确实有效。

法则
081

学会掌控自己的人生

在解释那些生活中发生的事情这件事上，人们大致分属两个阵营：相信一切都是命运的安排、你无法改变它的人，以及那些相信你有自由意志、能掌控自己生活的人。究竟哪个正确，尚未有科学上的定论，但已经确定的是：相信自己能掌控自己生活的人往往更快乐。

相信自己能掌控自己的生活对复原力也至关重要。别的不说，它至少能激发你找到应对方法，或者至少找到新方法来思考你的问题——即使表面看来，你能做的已经微乎其微。你无法让死去的人复活，但如果你相信你的思考和决定会影响你处理这个问题的方式，你就更有可能尝试着找到疗愈的方法。

有些人在得了重大疾病后，会听从专家的建议，严格控制饮食。你可能认为这看起来像是江湖郎中开的食疗方子，而且没有证据表明它能带来丝毫的变化（当然你很有礼貌，不会这么说）。你甚至可能是对的——也有可能不对。这真的并不重要。重要的是，通过这种高强度的自控，这些人正在提升自己的复原力。所以至少在这个程度上，他们的饮食肯定是有益的。

如果不去掌控，还能怎么做呢？其实，如果你觉得生活中的一切是命中注定的，你对其无能为力，那么当事情变得糟糕时，你就会把自己描绘成一个受害者。而受害者这种感觉会让你失去力量，让你无能为力。这对你的自信心和复原力毫无帮助。

当事情变得糟糕时，你需要做点什么。如果你不能直接对这些事件产生影响，就控制你对它们的反应。以不同的方式思考，选择一下该向谁寻求支持及如何寻求支持，练习正念或瑜伽，去做长途徒步，抽出一些时间来——具体做什么并不重要。

真正起作用的是你在有意识地掌控你的生活。

显然，如果你能采取一些实际行动且它们能起作用，那就太好了。只要你在掌控，你的复原力就将得到提高。所以，去寻找另一份工作，提出建议，寻求专业建议，改变饮食习惯，做任何你能想到的、对你有帮助的事情。这是一个双重奖励，因为你的行动和你正在采取行动这一事实都对你有益。你可以尽情挥洒创意。如果你觉得把浴室刷成蓝色会让自己感觉更平静，那就把它刷成蓝色。我认识一个人，他实在太讨厌自己的工作了，斗争了很久后，他离职了，以免自己变得更悲惨。他无法立即找到一份新工作，可他没有自怨自艾，而是利用这段时间来写作，这是他一直心心念念想做的事。他再也没有找到另一份工作，因为他的写作生涯反而开始了。

————

相信自己能掌控自己生活的人往往更快乐。

法则
082

关注他人，让你的自我感觉良好

在某种程度上，这条法则是上一条法则的延续⊖，因为避免自怜的最好方法便是不要过多地考虑自己的问题。不要坐在家里闷闷不乐，走出去，想想别人的问题。

我们都有一些正在困境中煎熬的朋友和熟人。想一想能如何帮助他们，他们可能需要什么支持。你可以提供很实际的帮助，也可以只做一个倾听者。你可以开车送他们去医院看病，替他们购物，帮他们写简历，帮他们看一天孩子，或者帮他们把报告准时写好。也许他们可能只是很想让你每周给他们打一个电话，或者找个晚上出去聚聚，这样他们就可以好好谈谈他们的问题。

这对你来说能让你立刻分心，对他们来说则是很大的支持，而且它的好处还远远不止这些。当你帮助别人的时候，它能让你

⊖ 《思考：多维度判断与决策》之法则 018：自怜无效，何不假装快乐。

正确看待自己的麻烦，使你对自己感觉良好。它让你有了自尊，因为你觉得自己是有价值的（很正当）；随着时间的推移，这有助于你感到更积极，更有能力应对自己的困难。

你可以不局限于在自己的朋友圈里寻找需要支持的人。很多人在慈善机构或其他团体做志愿者，以便关注其他人，能真正帮助他们，同时让自己感觉良好。如果愿意，几乎所有人都能抽出一些时间来做这件事。你可能不得不放弃定期去健身房，或者无法与朋友在某个晚上一起出去玩，或者某个晚上不能窝在家里。我们总是对自己说没有空闲时间，但这通常是因为我们想办法填补了它。你可以选择如何填补你的时间；你可以放弃某件事，以便为另一件事腾出空间。你必须明确哪种方式能让你长期更快乐。

如果你决定这样做（我真的建议你这样做），你可以放弃任何事情：从一开始每周放弃一小时到后来想放弃多长时间都可以。你可以选一个责任小一些的角色，也可以选一个责任重大的角色。你可以每周花一个晚上在当地的体育俱乐部帮忙，或者每年花几天时间担任学校理事。你可以组织二手市集，或者只帮忙经营一个摊位也可以。你甚至可以找到一个只需在一年中的某些时候提供帮助的角色——在当地的半程马拉松或老人院的圣诞晚会上做志愿者。你选择做的事情越以人为本越好。花时间在家里为某个慈善事业装信封也是很好的，但要想获得志愿服务的全部好处，你还需要与你所支持的人互动。

记住，这对你的帮助和对他们的帮助同样大——这是双赢。它让你突破自我，给你带来巨大的积极推动力，你可以把它带到生活中的其他方面去。

它能让你正确看待自己的麻烦，

使你对自己感觉良好。

法则
083

保持正念，活在当下

　　你想生活在哪里——过去、现在还是未来？大多数人都会选择其中之一，而且它们都有各自的优点和缺点。不过，即使你倾向于活在当下，大多数时候你也是无意识地在这样做。

　　有大量的研究表明，如果你练习所谓的"正念"，便可以减少焦虑、压力和抑郁。部分原因是你更有可能尽早意识到这些感觉，所以可以在它们变得根深蒂固之前应对它们。正念的基本形式是练习，每天要拨出一些时间来做。不过，与其他思维方式一样，它的最大的好处是你做得越多，它就越会成为一种习惯，直到你把它也纳入生活中的其他部分，并在需要用到它的时候自如地进进出出。

　　基本上，你需要每天留出几分钟的时间。时间和地点可以从头至尾相同，也可以不同，只要适合你就行。你的目标是让这成为一种习惯，所以要记住这一点。周围环境不一定非得很安静或很宁静，只要在练习时间内你无须与周围环境互动即可。所以在公园的长椅上或上班的地铁上都可以。如果很难静坐，你可以去走走路，练习正念。

现在到了棘手的部分了，一开始会很棘手，但练习得越多，就会越来越容易。你只需要专注于当下，扮演观察者的角色。你要注意正在发生的事情，同时要让自己保持超脱。不要评判什么。比如，你会注意到你的左脚有点不舒服，或者附近有鸟在鸣叫。注意你的想法，但不对它们进行评判。

哎呀，是的，这就是我提到的真正棘手的地方。不要刻意清空大脑——就像打坐时那样，但也不要陷入什么想法和情绪之中。我现在就可以告诉你，你一定会陷入其中，至少在你进行大量练习之前会这样。这很正常，但每当你注意到自己被一些想法分散了注意力时，就把自己拉回来；观察这些想法，但不要被吸进去。

这种沉迷于自己想法的倾向恰好表明了正念的意义。我们大部分时间都处于这种状态，即为我们的思想和感觉所控制，而正念是一种有价值的练习，因为它将我们的内在自我与我们的反应和回应分离开来。

在练习正念的时候，如果你有很多想法或烦忧，没关系，只需观察它们即可。"啊，是的，我在为明天的演讲焦虑。""嗯，这看起来像是我平时那种对社交场合的担忧。"退后一步，看着你的想法——不要介入，不要试图解决它们。

退后一步，看着你的想法——不要介入。

法则
084

清空大脑

当你的大脑杂乱无章时，它就很难有效、高效地运作。你忙于把全部心思都放在那些重要的想法上，因此大脑中几乎没有任何空间来思考当前的任务。而且，你会总觉得有什么没干："哦，我必须记得给××打电话……"或"哎呀，我得检查一下是否有足够的……"或"其实这要在周四之前完成。"所有这些想法都在争夺你的大脑空间，使你更难专注于手中的任务。你要么是忘了什么事，要么不停地从一件事跳到另一件事，哪件都没有完成好；或者两种情况都有。

如果你正在执行一个工作上的大项目，或者组织当地的一次活动，或者准备搬家，你可能会给自己做一些笔记。但仅仅写下某些需要做的事是不够的，你得把它们全部写下来。是的，所有的事，每一件小事。

我以前做的工作基本上是项目管理，我去任何地方都离不开一个螺旋式笔记本和一支大小与之配套的笔。如果有人提到某项任务——无论多么小——我都会记下来。如果我突然想起来某件必须要做的事，或者要提醒别人去做，就赶紧记下来。晚上我把它放在床边，这样我就不会躺在床上担心第二天早上会忘记事情。每天结束时，我都会翻看我的笔记，把它们整理好。不一定非要有一个螺旋式笔记本，你也可以记日记、给自己（或其他人）发电子邮件、在桌子或冰箱上贴上便条，只要适合你就行。

不过，这里真正重要的、需要你去领会的并不是把事情记下来这一便捷提示，尽管这肯定有用。记事本（或日记本、便条、购物清单，或你的手背）上的内容只是其中的一部分。是的，它为你提供了一个高效的系统，让你不会忘记事情。但真正重要的是发生在你脑子里的事情：什么都没有。你的脑中有足够的空间。

释放工作内存，拥有清晰的思路和轻松的、令人放松的虚空。所以，现在你可以独立处理每项任务，不再有压力，因为你已经把所有其他的杂事从大脑中移到了一张纸上。如果有任何其他东西侵入你的大脑空间，就把它移走，并把它外部化。清理你的大脑。

还有一件事值得写下来：每次有人即将就某件事给你答复时，你就记下来。你把它记下来，或放在"已发送邮件"中，或为它准备一个地方，这样如果他们没回复你，你会有一个系统，提醒你记得去追着他们要回复。想象一下，这将释放出多少思维空间。

我每天都会清理电子邮件。这样，我的收件箱里就只有那些需要我采取行动的事情，而我的已发送邮件箱里只有我在等待别人回复的事情。一旦他们回复了，已发送的邮件就会被归档。是的，对某些人来说，这听起来有些有序得过头了，很可笑，但你知道吗，我不在乎别人怎么想。我在乎的是：我不必记住任何这些事情，因为我的收件箱或我的已发送邮件箱正在为我做所有的记忆工作，我可以让头脑时刻保持清醒。

所有这些想法都在争夺你的大脑空间，
使你更难专注于手中的任务。

法则
085

开展头脑风暴，打破僵化思维

我记得在工作中的一次小组讨论中，我们原本是要集思广益，找到一些回馈员工的方法的。当然，头脑风暴的理念是欢迎所有的想法，然后以这些为出发点进行讨论，所以这时候不能消极。可是，小组中的一位成员几乎对每个建议都做出了否定的回应。他的口头禅是"这行不通"和"我们以前总是这样做"。当我让他给出自己的想法时，他却什么都说不出。

出于某种原因，这件事让我记忆犹新，就这种类型的僵化思维而言，这是我见过的最极端的例子。这位同事根本无法超越他目前的思维模式，无法想象出那些他从未实际体验过的解决方案。他和我们其他人一样，深切地想承认我们的员工在过去艰难的一年中所付出的努力——他并非不同意这个目标——但他的思维太僵化了，以至于无法放下头脑中对这件事该怎么做的一些先入为主的观念。

如果你真的想成为一个按法则思考的人，这样做可没什么用。你必须放手、放松，接受变化、差异和新想法。当然，并非所有的想法都是可行的，但你必须对那些可行的想法持开放态度。

　　我向你保证一件事，如果你只做以前做过的事，你将一无所获。你会停滞不前，被过去束缚住，陷入常规。当事情顺利时，这可能已经足够了，但它消除了无数使事情朝更好的方向发展的可能性。当事情不顺时，僵化的思维会阻止你找到方法，把自己从困境中解救出来。无论你的问题是财务上的、感情上的、生活方式上的还是工作上的，你都不能像这样限制自己。

　　世界在变化。你所面临的压力——无论是工作上的还是家庭上的——都与去年不同。因此，旧的解决方案不仅不一定是最好的，甚至可能根本就不可行了。五十年前，如果你要向某人紧急传递信息，就给他们发电报。好吧，这已经行不通了。不过，幸运的是，一些对新想法持开放态度的创新人士出现了，他们发明了短信。

　　是的，我为了证明我的观点采用了一个极端的例子，但我们并不是在一夜之间就从电报转向短信。有些人坚持反对技术变革，并且坚持的时间比其他人长，想继续做他们一直在做的事情；慢慢地这些人就落后了。直到最后，他们不得不改变他们的方式。不过我们可不想落在最后，然后急急忙忙地去追赶。我们想走在前面，以最好的方式解决问题，而不是以我们从前管理的那些有限的菜单中的最坏的方式解决问题。我们希望有一个完整的选项组合，而不是无谓地限制自己。

因此，从现在开始，取缔"我们一直都是这样做的"这样的话，不管你是大声说出来还是只是在脑海中想一想，这样你就可以抵制那种僵化的、不灵活的、无法有效解决问题的思维。

我们想走在前面，以最好的方式解决问题。

法则
086

不要满足于第一个方案

　　大多数问题都有至少一个解决方案。如果我穿着大衣，天气变热后我开始出汗，我可以把大衣的袖子剪掉，给自己降温。这是一个解决方案，但这并不意味着它是最佳方案。如果我再多想一想，我可能会想到把大衣脱掉。

　　钱的问题、工作上的困境、孩子们一直在对吼、现在母亲真的无法再单独生活等，这些问题也都有至少一个解决方案。而最好的办法不一定是你最先想到的那个。

　　请注意，你想出的第一个方案真的很有用。有个 B 计划真是好极了，可以减轻你的压力，使你的大脑可以进行更有创意的思考。所以，一定要把你想到的所有解决方案都记下来，直到有更好的方案出现。即使这个更好的方案仍然也只会成为新的 B 计划。

　　听着，替你的问题想出一个真正好的解决方案可能需要时间。不要期望立刻就能想出来，否则你会认为立刻想出来的那个是最好的。要想在生活中浑浑噩噩，这就是秘诀。每当遇到困难时，你就会选择一个还算可以的解决方法，但仅此而已。这真的是你想要的生活方式吗？你认为这是通往成功和幸福的途径吗？

当然，如果你遇到的只是一个小问题，这可能没有那么重要。但记住，我们要养成良好的思维习惯。如果你能训练你的大脑，让它每次都以最好的方式思考，那么在关键的时候它就会以最好的方式思考。而最好的思考方式就是能产生最好的——而非最快的——结果的方式。

那么，如何知道你已经找到了真正的、最好的解决方案？没有简单的答案，但有一些信号。

你要找的是一个有的放矢的解决方案——不是仅仅看能否解决最多问题，而是要看能否解决最重要的问题。比如，当你考虑你年迈的母亲的问题时，（我希望）她的幸福是一个重要方面，不能满足这一点的解决方案是不可能成功的。你需要做一个清单（精神上的或实体上的），列出某个好的解决方案的基本组成部分，以及那些可取的组成部分。

你可以采用这一原则：无论你想出什么解决方案，都要对自己说"这是一个好的起点。我从这里出发，能走向哪里呢？"换句话说，把每个想法都看作是一个开始，而不是结束。你要一直寻找能提升你的第一个想法、使其变得更好的方法。要假设它是可以被改进的，只是不要让它把你带入一个单向隧道。记住，可能还有其他的想法、其他的出发点，它们会把你带向不同的方向，这也是值得考虑的。如果某个方案还有改进的余地，它就还不是最好的解决方案。

有时，如果你很幸运，你会知道自己找到了正确的解决方案。

即使这样，尽管你可能感觉它像是一种直觉反应，但你的直觉会从你之前的思考中得到信息。这就是它能在看到正确答案时将其识别出的原因。

把每个想法都看作是一个开始，
而不是结束。

法则
087

警惕确认偏误的陷阱

你要避开所有草率思考给你设下的陷阱，这意味着你要提防这些陷阱。这些小谬误会让我们以为自己的思维很敏锐，而事实并非如此。我们不希望自己觉得自己很聪明，而是希望自己真的很聪明。我们想发现这些陷阱，这样就可以提前采取行动以避免掉进去。

我之前提到过，我们的思想上有一个重大谬误，那便是相信事实、数据和统计数字可以支持我们自己的观点。这被称为确认偏误，即你会去寻找能支持你的论点的信息，或者对所得到的事实进行解释，认为它们支持你的观点。这是一件非常轻松的事情——它让你拥有正确的观点，不用费力去改变主意，也不会丢面子。一切都很好，很简单。

除非你是一个"法则思考者"。机智的思考并不总是轻松的或美好的。有时它意味着重新评估我们的观念或改变我们对某个主题的整套方法。这就是成为一流的思想家所要付出的代价。对你来说,不再有"轻松和美好"。

听着,那些事实对帮助你并没有太大作用。它们并不能支持你,确证你的思想。它们只是些事实,好吗?有时它们可能碰巧强化了你的观点,有时它们可能反驳了你的观点。它们就是这样。你要做的是不带偏见地弄明白它们的意思,因为它们不会告诉你。这不是它们的工作。

假设我调查了 1000 个人,问他们最喜欢什么品种的狗。让我们假设占比最高的人(8%)投票给拉布拉多犬。这是一个事实(在我的想象世界里),它并没有试图告诉你什么。它只是个事实。

这时来了一位拉布拉多犬爱好者,当他得知还有更多人喜欢拉布拉多犬而非其他犬种时,他感到很高兴,但并不十分惊讶。他一直都这样认为——拉布拉多犬当然是最棒的。但是,如果一个讨厌拉布拉多犬的人 ⊖ 看到这个数据,他会感觉彻底平反了。和他想的一模一样,只有不到 10% 的人喜欢拉布拉多犬,92% 的人没有把它放在第一位。

那么,谁对呢?当然,从某种程度上说,他们都对。他们都在正确地阅读数据,但对数据的解释却截然不同,因为他们都落入了确认偏误的陷阱。看看这让他们感觉事情有多容易理解——无须怀疑到现在为止自己是否一直是错的,无须重新思考其他人

⊖ 我知道这不算什么。其实我已经开始脱离我的想象世界了。

是否真的赞同自己对拉布拉多犬的看法，无须在其他拉布拉多犬爱好者（或讨厌者——是的，那些人）面前丢脸。

听着，如果你想了解任何事情的真相，就必须质疑你对事实的解释、审问自己的思考过程。这可能并不总是令人愉快的，但你必须这样做。

机智的思考并不总是轻松的或美好的。

法则
088

找出禁锢你的"思维框"

很多人都会劝说你跳出"思维框"。有很多教你如何这样做的策略，其中有许多都很棒，它们很有成效，确实有帮助。不过，它们中的大多数都未能做到这一点：教你识别或描述你应该摆脱的那个"思维框"。

从广义上讲，我们当然知道这个"思维框"是什么。它代表着沿着那些惯常的沟壑进行的僵化思维——这些沟壑总是通向相同的地方。但就你现在从事的个人项目或创造性工作而言，它是什么？

这个问题的答案每次都会不同。但你会问吗？这就是策略似乎少了一页的地方，而这是一个极其关键的问题。很难描述当你知道这个"思维框"在哪里时，跳出"思维框"来思考是多么容易。所以，你要把它作为你的出发点。

这在商业中非常有效，因为它给了你一个竞争优势。我周围的当地的零售面包店（我猜你周围的也一样）全都开在城里，因为这里人最多。所以，如果你想开一家面包店——可能还附带一间咖啡馆，就可以把它开在市中心。但是几年前，我们这里有人决定跳出这个框框：他们在城外的一个小贸易区开了一家带咖啡馆的面包店。这个贸易区里的单位本身并不多，不够来维持面包店的生意，所以你可能对这个生意并不抱很大希望。可是，它现在是该地区最有名的面包店，他家的咖啡馆里经常挤满人。为什么呢？除了美食的吸引力之外，在贸易区停车也比在城里容易得多，所以把这里当作聚会场所再好不过。那些面包师发现了"在城里"这个框，从里面跳了出来。

不要忘了，你可能同时在几个"思维框"里思考（我真不知道这是什么样子——我想它们一定像俄罗斯套娃）。也许你正试图设计一场在乡村礼堂举行的婚礼。所以这里就有个"思维框"，上面标着"乡村礼堂"，你被它框住了——或许你可以把婚礼放在别的地方？不过等一下，你也在一个标着"婚礼"的"思维框"里。试着也跳出这个"思维框"思考。当然，还有一个标有"结婚"的"思维框"。当然，你可能最终还是要结婚，并在乡村会堂举行婚礼。但是你可以私奔，或者结婚后带大家去吃一顿大餐，或者和两个朋友去婚姻登记处，然后去度蜜月（当然这也是一个"思维框"），回来后给大家开个大派对，或者你选择不办婚礼。

跳出了"思维框"并不意味着不能再重新进来——如果你想回来的话。但至少在外面窥探一下，看看你是真的喜欢这个"思维框"，还是因为它就在那里，所以你才会在里面思考。你看，即使回到"思维框"里，由于你在"思维框"外待了一会儿，你的视野也会因此而变得更广阔。现在你已经知道"思维框"外面是什么，"思维框"已经变得透明了。而且，此时你产生的想法有可能比你从一开始就牢牢地、盲目地待在"思维框"里产生的想法更有创意、更有趣、更令人兴奋。

_____

很难描述当你知道这个"思维框"在哪里时，
跳出"思维框"来思考是多么容易。

法则
089

充实你的思想

爱因斯坦算是我心目中的一个英雄，他认为想象力比知识更重要。现在更是如此，因为几乎所有的知识都飘在空中，等待你敲击键盘将其唤下来。你真的没必要把它们储存在你的脑子里。可是你无法下载想象力，而想象力是创造性思维的关键。所以，你真正需要做的是以各种方式扩大你的想象力。

爱因斯坦还说，让孩子变聪明的方法是给他们读童话故事。为了进一步提高他们的智力，你应该多给他们读童话故事。当你听到某个故事时，它的情节可能是由作者为你提供的，但你的想象力让你看到画面。当你读给自己听时，你的想象力也会带给你声音和音效。

帮我个忙，去读一下莎士比亚的《亨利五世》的序言吧，如果你还没读过的话（它就在空中等着你）。他完美地描述了想象力的能力，以及你可以如何使用它来想象，如小小的剧院"容纳了法兰西的万里江山"。人类的想象力是一种非凡的东西，如果不让自己的想象力尽可能地强大、敏捷、生动，几乎是一种罪恶。

阅读小说是必不可少的。而且，顺便说一句，如果你想让你的孩子培养出色的创造性思维，爱因斯坦的观点很重要。尽可能多地给他们读书，让他们热爱书籍。只看电影是不行的，电影已经替你做了所有的想象。这很好，但这完全是另外一件事，不能替代阅读。你还要鼓励他们编故事。小孩子会相信魔法，相信圣诞老人和牙仙，而且会相信很多年，如果有你的帮助的话。我有个朋友的孩子坚信家里的猫真的会飞，当我发现他们的父母很明智，允许他们一直这样想时，我很高兴，而许多父母则会不假思索地说："别傻了。猫是不会飞的。"

某些活动可以培养我们进行创造性思维所需的想象力，如果必须将其中一项活动放在首位，那就是阅读。不过，幸运的是，我们不必把某项活动放在首位，还有很多其他的方法来哺育我们的创造性大脑。读诗、写作，你喜欢的任何一种音乐（记得偶尔变换一下——不要一成不变）。很多非常聪明的喜剧演员——特别是那些更有超现实感的喜剧演员——会迫使你的大脑进行各种意想不到的腾挪跳跃，把你的思维从墨守成规中敲打出来，"巨蟒"（Monty Python）剧团的喜剧节目也有这个效果。

请仔细想想，大量的笑话都是让你的大脑措手不及，它们先是建立一个模式，然后冷不丁地打破它。让自己沉浸在这种幽默中、与那些让你发笑的朋友一起玩耍和观看搞笑节目是鼓励你的大脑进行更有创意的思考的愉快的方式之一。

当你听到某个故事时，
它的情节可能是由作者为你提供的，
但你的想象力让你看到画面。

法则
090

不管你能不能定，先分解你的决定

　　有些决定特别复杂，因为它们与其他决定交织在一起。在没解决 B 问题之前，你不知道该如何处理 A，而 B 又取决于 C。有时它们啮合在一起，以至于你根本不知道该从哪里开始，更不要说做决定了。我认识的一对夫妇正在决定是否搬到伦敦，因为他们要把孩子送到那里去上学；同时她也在考虑削减工作时间以腾出时间进行再培训。如果这样的话，她应该选择哪个学科进行再培训？这些决定他们一个也做不了，因为要先做其他决定。这种棘手的问题往往会导致搁置和拖延[⊖]，就因为它实在让人应接不暇。

　　可是，如果你调集起全部思考技能，就可以解开这种棘手的问题。相信我。首先，把你能想到的所有元素都排个序。在你知道会

　　　⊖　拖延这个问题我们后面再谈。可以等一等。

住在哪里之前，考虑把孩子送到哪里去上学可能没有意义。如果你不搬到伦敦，再培训的方案就会受到当地可提供的课程的限制。所以，同样地，你要把"是否搬到伦敦"这个决定放在首位。

这不仅会使事情变得清晰一些，也能让你看清是否需要重新确定优先次序。也许，当你这样看的时候，你会意识到：为孩子择校对你来说真的很重要，你不希望根据居住地选择学校，而宁愿根据学校选择居住地。

很好。你正在取得进展。有些决定可以暂时搁置，等你知道自己要住在哪里、已经有了感觉、知道该优先做哪些决定时再处理。假设这个思路让你意识到择校是最重要的事情，这现在就已成为做其他决定的一个参数：必须搬到合适的学校附近，甚至可能是具体某所学校——在这种情况下，居住地问题也就解决了。

好，这一切都很有帮助，但仍有一些相互关联的决定等着你去做。因此，接下来要做的是单独思考每个问题。假设（为了争论的目的）其他复杂情况都不存在，我们处在一个理想的世界里，那么你想就哪个学科进行再培训？当你的脑子里不再杂乱无章地装着所有其他东西的时候，想清楚一个问题就容易多了。也许你最终并没有得到理想中的解决方案，但有一点怎么强调都不为过：你必须知道这个理想的答案是什么。这样，你就会有意识地决定——在平衡利益的基础上——自己可以在多大程度上对它做出妥协。

你会发现，当你走过这个流程时——把能做的决定排个序，优先考虑那些不能做的决定，然后单独思考每一个决定——一切都开始变得清晰。我的朋友便这样做了，并意识到她几乎做了一个会让自己后悔的决定（因为有个机会而想去再培训，并不是因为自己真想这样做）。把思维过程分离出来给了她所需要的清晰感。

当你的脑子里不再杂乱无章地装着所有其他东西的时候，想清楚一个问题就容易多了。

第十章

活好：为你自己活一次

活好：为你自己活一次

我一直计划将我收集的关于健康的法则整理成书。我不太清楚为什么没有早点实现。我的出版商和我就书名进行了多次讨论，我们担心"健康法则"听起来会过于关注身体健康，我们也想把我多年来观察到的关于情绪和心理健康的所有重要法则都包括进来。我们得出的结论是:《活好：为你自己活一次》囊括了这些法则的全部内容——从放松、自信到锻炼。

一如既往，书中没有关于应该吃什么或做什么运动的内容。书中的法则是健康人在态度和心态方面所遵循的法则。除了关于韧性和饮食的章节外，我还加入了一些关于生活中的某些方面——如学习和退休——的章节以涵盖我所积累的关于保持身心健康的所有法则。

"挑战"这一章讲的是如何度过危机、治愈创伤。在我们的一生中，很少有人能逃脱这些，而我看到：有些法则一旦付诸实践，就会对你如何渡过难关产生巨大影响。懂得如何在顺境时好好生活是没有意义的——这很容易。《活好：为你自己活一次》要在你陷入困境时给你一些指导方针，从而帮你渡过难关。

最后，我一共写了十一章：

平衡

自信

韧性

运动

放松

饮食

学习

育儿

工作

退休

挑战

本书中得票最多的是这条法则：可以原谅，但不会遗忘。这条法则在日常工作中很有用，但如果你经历过毁灭性的婚姻或童年受过虐待，它对你的幸福就至关重要。这并不容易，但这是你应得的。我知道，一旦我看到它在起作用，然后学会运用它，我就会活得更好。

法则
091

|

这不全是你的事儿

好吧，是时候跟你说实话了。我知道这本书叫《活好：为你自己活一次》，但你最不需要的就是关注自己。这是我的工作，这是一百多条法则中的第一条，之所以选择它，就是为了帮助你尽可能地感觉良好。不过，你需要少考虑自己。○

我不是要为难你，责备你把自己放在了第一位，批评你考虑自我。我只是想帮助你。事实是，一直想着自己的人很少会快乐。这不仅仅是我的观点，研究也表明了这一点。其实你想想，这一点不奇怪。当你专注于自己（或其他任何事情）时，就一定会注意到那些不尽如人意的地方——品质、财富、希望拥有的关系。没有人的生活是完美的，总会有一些你无法改变的事情，或者至少现在无法改变。你花在思考这些缺点上的时间越多，它们在你脑海中的重要性就越大，当你认为自己被轻视或受到不公平对待

○ 如何将其与阅读这本书联系起来是你的问题。

或被忽视时，你也就越容易动怒。

我们都认识这样一些人，他们总是谈论自己，如果你试图把话题引向其他地方，他们就会把话题带回到自己身上。他们认为一切都与他们有关——老板之所以重新安排了轮值表，是因为出于某种原因想要惩罚他们、不断指责他们或使他们的日子更难。绝不是仅仅因为这个系统更有效，绝不是因为老板压根就没想到他们而只是想要平衡很多人和优先事项。他们无法想象他们的老板居然没有考虑到他们，因为他们一直在考虑自己，所以他们无法理解：自己居然不是宇宙的中心。

听着，我希望你能过上最好的生活，当然，如果你从不考虑自己的需求和愿望，那是不行的。但为了保持平衡，你需要确保不会动不动就把目光转向自己。了解你在大局中、在世界上的位置，让自己的关注点一直向外。这其实是所有好东西的所在。

我最讨厌这个说法："私人专属时间"或"为我"。你所有的时间都是私人专属时间，一天二十四小时。你为什么不把所有的时间都用来做想做的事情呢？你可能并不喜欢所有的事情，但最终还是会做，因为你想做——我不喜欢做家务，但不想生活在"猪圈"中。我不喜欢孩子们发脾气的样子，但我喜欢做家长，忍受孩子发脾气也是做家长的一部分。我曾经做过我很讨厌的工作，但我想要钱。我本可以换工作或流落街头，但我选择不换。我的时间，我的选择。"用于放松的时间"这一概念——我认为这就是"私人专属时间"这一说法背后的含义——本身没什么问题。它的部分问题是：它在暗示你的其他时间不那么好，你所做的事情在某种程度上不是你自己选择的，这就让你更难接受所有其他活动，并承认你也选择了它们。

　　同时，这个说法暗示你比生活中的其他人更重要，最好的时间应该留给你自己，让你尽情享受。在我看来，这听起来很危险，就好像你已经失去平衡，正偷偷走向舞台中央。这可能看起来很诱人，但不会让你快乐。

为了保持平衡，你需要确保不会动不动
就把目光转向自己。

法则
092

你的感受你做主

你的自信程度在很大程度上与他人如何看待你有关，或者说与你对他人如何看待你的看法有关。你甚至不一定是对的。的确，很多自信程度低的人都认为：在别人眼中，自己是愚蠢的、无用的、没有吸引力的或没有能力的，而事实上，人们看到的可能根本不是这样。所以，你是在根据你对其他人的判断来判断你自己，如果你因此对自己不自信，那这个理由太脆弱了。再者，他们可能根本没在评判你，只是在担心你对他们的看法罢了。

问题来自于你允许这些所谓的意见影响你的感觉。即使有人告诉你，你在工作中一无是处，或者是个糟糕的家长，你也不必同意他们的看法。我的一个朋友是一位出色的室内设计师。如果你质疑她的某个设计方案，她就会自信地向你解释为什么它真的能成功。但如果你质疑她养育孩子的方式，她就感到痛苦、能力不够。为什么呢？因为她对自己的工作有信心，但对自己的育儿技能没有信心。所以这是她的问题，不是别人的问题。我们很多人都会在生活的不同领域之间出现这种自信程度的错配。

你要对自己的感受负责，别人不需要为此负责。重要的是你怎么想，而不是他们怎么想。无论是在具体哪个方面缺乏自信——比如，作为父母或在工作中，还是更普遍地在社交中缺乏自信，你都需要关注你对自己的看法，而不是别人的想法或说法。

因此，不要理会其他人，自己判断你是否像你希望的那样擅长工作。如果不是，不要感到悲伤、缺乏安全感，做点什么即可。仔细思考，采用新的战略，寻求帮助，接受一些培训，想换工作就换——让自己到达这样一个点：知道自己擅长自己的工作，然后对自己负责，让自己对工作有信心和安全感。不要依赖任何其他人，不要让他们来指导你应该如何感受。

这种方法——找出所有缺点并加以纠正——也适用于培养社交方面的自信。如果你想让自己更有自信，就必须努力去做。不要认为自己不擅长，而且永远也不会擅长。你可以通过学习战术和策略来教自己拥有社交自信，把自己放在舒适区之外一点点，直到感觉好了，就可以进一步扩大舒适区。

考虑一下为什么缺乏自信也会有帮助。有时它源于过去的一些事情，比如，源于你父亲过去对你说的话或你在学校被欺负的样子。现在你已经长大了，你可以脱掉这些鞋子，穿上更适合你的、让你更自信的鞋子。在分析了你在社交上的不安全感产生的根源之后，有意识地做到这一点要容易得多。

顺便说一下，你可能已经发现：如果不能相信其他人对你的差评——无论是真实的还是你所感知到的——便不能相信他们对你的好评。如果人们赞美你、钦佩你或对你表示尊重，这都非常好，我希望你会喜欢，但永远不要让它替代你对自己的诚实评价。

重要的是你怎么想，而不是他们怎么想。

法则
093

训练你的大脑放松下来

人类的大脑是一个非凡的东西。你越是使用、强化那些神经通路，它们就越强大。你在看到或闻到食物时会流口水。同样地，你也可以训练大脑对某些事情做出反应，使之放松。

所以，如果你经常通过闭上眼睛、深呼吸或玩耐力游戏、散步五分钟等方式来放松大脑，你的大脑就会学会在收到这些触发因素时放松下来。一旦你训练大脑将这些计策与放松联系起来，它就会领会，只要你一开始，它就会很快进入放松模式。

如果想一想，你会发现：如果大脑一开始就没有很大的压力，那么它就会更容易对这些活动做出反应，放松下来。不，请忍耐一下，这并不像听起来那么愚蠢。显然，如果有些策略只有在你一开始没有感觉到压力的时候才会减少你的压力，那它们是值得怀疑的。但是想想看：如果你要训练你的身体，让它去跑马拉松，就要先从跑几公里开始，然后逐渐增加距离。同样，如果你训练你的大脑，以便让它在感觉轻松的时候放松下来，它就会将这些行为与放松联系起来——即使是在你有压力的时候。

所以，不要以现在没有压力为由而忽略这一规则。很好！时机完美！现在正是应该设立这些技巧的时候，这样当你下次需要它们时，它们才会真正发挥作用。很遗憾，我们所有人在生活中都有不堪重负的时候，有时会持续很长时间——这只是个时间问题。无论是家庭成员重病缠身、工作岌岌可危、和恋人关系破裂，还是无法偿还抵押贷款，总会有那么一段时期——可能是几周或几个月，也可能更久。在此期间内，你为了控制住焦虑或恐惧所做的一切都是非常宝贵的。

当然，当那个时候到来时，如果你能花尽可能多的时间来放松自己，那肯定非常好。度假、户外旅行、晚上与朋友聚会或去健身房，这些都会起到一定作用。可是，那些在一天内不断出现的时刻会一直扼制压力，将其保持在可管理的水平上，让你无法更专心地享受放松。但只要你的大脑接受过应对这种时刻的训练，几乎在你开始的那一刻就能直接进入放松模式。

如果你需要在某个活动之前迅速放松，这也很有用。比如，如果你经常参加某种体育比赛，在比赛前感到焦虑，或者在做演讲时感到紧张，希望在开始演讲前能有一个可以即拿即用的招数。这种时候你不可能花上几分钟来让自己进入状态。你希望自己的大脑一得到信号就能自动放松。

————————

那些在一天内不断出现的时刻会一直扼制压力，
将其保持在可管理的水平上。

法则
094

寻一方心灵净土

我从别人那儿学到了一课，在断断续续地被各种杂事带来的压力和沮丧感纷扰了几十年后——大多数人都是这样，这一课让我大吃一惊。大部分压力都是我们自己选择的，这一点可能会让你感到惊讶。其实根本没必要有压力，你可以直接把它关掉。

是的，我也是，起初我并不相信。这些年我经受了那么多压力：拥堵的交通、难缠的同事、各种考试和面试、各种电脑故障、刚一站到花洒下热水就没了。所有这些都白费了。我根本没必要为其中任何一件事感到糟心。要是早点有人跟我这么说就好了。

如果说它改变了我的生活，那也丝毫不为过。我变得比以前更冷静，这让我能更开心地度过每一天。这一切都是因为有人告诉我，没必要有压力——这是我做的一个选择，我可以不选择它。

这就是我的顿悟——我意识到，是我自己在选择压力，尽管我对此毫无意识。如果交通拥堵，那就拥堵吧。对此我无能为力，但我可以做个选择：是焦虑地困在拥堵的车流中，还是平静地困在拥堵的车流中。猜中哪一个比较好并没有奖励。

当这些日常的烦恼让我们有压力时，我们就会在内心对话："太烦人了，完了要迟到了，我们要做的事情已经够多了，这一天都被它给毁了。"可是这些不断升级的令人沮丧的想法中没有一个能让交通恢复畅通。所以想这些干什么呢？甩掉它吧！调高收音机音量，跟着唱，想点别的事情。

说丧气话是没用的，这也是为什么我们从来没想过可以做选择的原因。我们会说"交通拥堵让我崩溃"或者"我同事让我发疯"，就好像他们有控制权，就好像他们在看着我们一点点崩溃。这让我们成为受害者。从没有人向我们解释过：其实无论是对交通拥堵感到崩溃还是被同事气得发疯，这都是我们自己的选择。既然没人告诉我们这点，我们怎么可能不为这些事情焦虑呢？

我明白，对于那些真正有焦虑问题的人来说，这条法则并不能在瞬间扭转一切。的确，如果你并不是极其焦虑，但出于某种原因，你想继续承受这种压力，那你就继续吧。这不是别人面临的问题，而是你面临的问题。如果你不认为这是个问题，那太棒了。我只是想帮助你，如果你和我一样：一辈子都在断断续续地承受压力，很想现在就终止这种状态。

自从知道这条法则后，我就成功地把它应用到从汽车出故障到搬家的所有事情上了——是的，它对大事也有效。我唯一没能成功应用它的罕见情况便是：当我为所爱的人感到严重焦虑时——并非轻微的担心（这时也会奏效），而是真正地、长期地为其健康担忧。这里面牵扯到太深的情感，佛系法则虽然能缓解压力，但我不可能不挂心。

这些不断升级的令人沮丧的想法中没有一个
能让交通恢复畅通。所以想这些干什么呢？

法则
095

盘点不健康的饮食规则

有些人很不幸，在与食物的关系上有非常复杂且影响健康的问题。我们当中很多人都有一些潜在的信念或态度，它们影响了这种关系。认识到这一点是有帮助的。因此，我在这里给出几个因与食物的关系而陷入的比较常见的、无益的模式。

我已经谈到了第一种模式，即不能把食物留在碗里。[○]我们从小就接受教育，必须吃完碗里的所有东西。这一点放之四海而皆准，你不必在 20 世纪五六十年代长大，也不必在西方长大。学校里规定：只有吃完最后一小块食物才能离开餐桌。我五岁的时候，我的校长会说："不要在你的碗里留下任何东西。想想所有挨饿的孩子。"在那个年龄段，我永远无法理解：如果我把碗里的东西吃完，他们会得到什么好处？当然是留下一点更好，这样他们就可以吃了。[○]

○ 参考《活好：为你自己活一次》之法则 048：暴饮暴食与饥饿感无关。
○ 我现在才明白了，她的观点是要我们感恩，跟后勤无关。

人类的思维方式很有趣。我小时候还遵守很多其他规矩，本来这些规矩对现在的大多数人都会很有用，但不知何故，它们并未嵌入我的心理：不要在两餐之间吃东西，不要在街上（或在车里）吃东西，饭前感到饥饿是好事。根据观察，我并不是唯一一个避讳这些不太受欢迎的规矩的人。

你小时可能还听过下面这条训诫："吃完主菜才能吃布丁。"这在你的潜意识中大致可以翻译为："甜的东西很好吃，你只有先吃完那些味道千篇一律的饭菜才能吃它们。"我们从小到大都相信甜食本来就比美味食物好吃得多，但这种观点其实是无益于健康的，如果你是按这条规矩被养大的，就会发生这样的事情。

除了这条规矩，还有一条更宽泛的不成文的规定，即每顿饭都应该在甜品中圆满结束。在你长大之后，这个习惯可能很难打破——你总是想最后吃点含糖的东西。附带说一下，我能想到的避免将这个习惯传给我自己的孩子的唯一方法是：根本不给他们任何种类的布丁（除了水果），除非有访客。

这里还有另外一个常见的、于健康无益的规定，它往往是由家长实施的，即用甜食或不健康食品作为奖励或补偿——因为你赢得了比赛，或因为你摔倒了而伤了膝盖，或因为你完成了作业、打扫了房间、遛了狗。这样过了十八年，你变成了一个不断告诉自己"我需要巧克力，今天过得太糟糕了"或"我应该得到奖励，我很辛苦地做了那个演讲"的成年人。偶尔吃点不健康的食品并没有错，但当你把它与某种特定行为联系起来时，问题就来了。优选的做法是：不定时地给好吃的食物，或者将其与难得发生的事情（假期、圣诞节或去电影院）相关联，这样就不会吃得太频繁。

哦，但也不能太难得，否则我们就会孜孜以求。真棘手，是吧？

偶尔吃点不健康的食品并没有错，但当你把它
与某种特定行为联系起来时，问题就来了。

法则
096

享受出错，拥抱错误

出错是好事。我们喜欢错误。我们通过出错来学习，通过出错来改进。它们使我们的神经通路产生火花，找到更好的解决方案。有人说，除非你从马背上摔下来至少三次，否则你就不能正确地骑马。这并不是因为你应该从马背上摔下来。不，从马背上摔下来肯定是个错误。为了学骑马，你必须这样做。因此，当谈到学习新技能时，你要接受这些错误。

我特别喜欢烹饪。我甚至——极其难得地——会做酥皮（我知道这没有什么意义，我可以在超市买到现成的，真不知道我那时在想什么）。按说酥皮是很难做的，但我总是能做好。它每次都会很轻盈、蓬松，奶油味浓郁。这让我很不安，因为我知道酥皮不好做，我不太明白我是怎么做那么好的。最终，在做了好几年酥皮后（尽管每年大约只有一次），有一次我把它从烤箱里拿出来，它沉甸甸的，又湿又软。总算来了！我就知道不好做。我调查了一下错在哪里——原来在放入烤箱前我把它的温度弄得太高了（如果你也想知道的话）——我终于觉得我明白了该如何做酥皮。我再也不用感觉自己是侥幸成功的了。我知道我在做什么。有趣的是，也就是从这时候起，我开始从超市购买现成的酥皮了。也许我觉得挑战已经烟消云散。当我在开始做之前就知道会很顺利的时候，就没有成功后的满足感了。

大多数学校都不鼓励犯错，大多数老板其实并不喜欢你犯错误，他们都知道我们应该从错误中学习，但事实上他们宁愿我们不犯错，不浪费他们的时间。不过等等，现在是你负责。是你在学习，为你而学，别人不关心你犯错误。所以，你可以想犯多少次就犯多少次。那又怎样？每一个错误都会向你展示你需要关注的地方，如果你想要提高自己，这真的很有用。你可以享受这样一个事实：这是你自己的事，跟其他人没关系。

无论你是想认真地获得一个资格证书，还是只是想尝试一下新的技能，看看自己做得怎么样，你犯的错误都会告诉你：是否把自己逼得太紧了，是否因为太容易而未能集中精力，是否发现某个领域很棘手，是否早上做更合适，是否和其他人一起边做更合适，是否在有背景噪声时无法集中注意力，是否需要阅读一些信息，是否应该更有耐心（我经常得到这个结果）……从自己的错误中获得的价值越大，你就越喜欢犯错。因此，要享受自己的错误，拥抱它们，嘲笑它们。

我还记得第一次和我的姐姐一起尝试贴墙纸——这是一条学

习曲线，没错。我们前六次贴得简直笑死人了。事实上，我记得我们一直在咯咯傻笑，因为贴得太难看了。但我学到了很多东西（其实我真正喜欢的是给墙面刷涂料）。

————

要享受自己的错误，拥抱它们，嘲笑它们。

法则
097

可加班也可替班，但你得设限

如果你有个同事——或者是你的母亲或朋友——总是对你有求必应，而且很开心，你就会不停地提要求，对吧？我是说，为什么不呢？你需要帮助，而这似乎并不影响他们，所以你当然会看看他们是否能替你几分钟，或帮你看一下报告，或代表你和老板说几句话。如果对方是家人或朋友，你可能会要求他们在外出时为你买些东西，或者帮你看几分钟孩子。

这是双向的。如果你同样乐于帮助别人，别人就更有可能让你帮忙。在一定程度上，这很好。问题是，人们不知道这个度是什么——超过这个度就不好了。只有你知道它。所以，你也要让别人知道，否则他们就会提一些让你头疼的要求。

再者，这个度会改变，所以某一天你可能很容易为你的同事打掩护，但第二天可能就不行了。他们怎么会理解这一点呢？我告诉你：他们不会理解，也不想理解。如果你同意今天工作到很晚，你的老板就会认为下周再让你加班是可以的。是的，即使你确实很蹩脚地说"就这一次"。他们听不到这句话，这就是人性。所以你需要设立明确的基本规则，而且要坚守这些规则。是的，即使你真的有空、能帮忙，也要坚守规则，因为你不能开先例。

当然，在你的参数范围内尽可能地帮助他人是很好的，你可以选择这些参数是什么。也许你需要三十分钟来好好吃午餐，但不是整整一个小时。也许你真的很乐意偶尔在单位待到很晚，只要不晚于下午六点，或者只在大型演讲、展览或活动之前的那几天你才能待到晚于六点。要冷静地设立你的参数，不能在一时激动之下这样做。

提前了解你会拒绝什么，不会拒绝什么。比如，你可以坚决要求只朝九晚五地工作，或者在晚上或周末不查看电子邮件。坚持在休年假时彻底脱离工作，绝对不查看电子邮件，这对你的心理健康绝对有好处。另一个很好的规则是：永远不要把工作带回家——这个规则可能会变成一个滑坡效应。

我知道，如果你在城市里从事高压工作，比如，每天晚上你都要工作到很晚，而且要在一周七天内每天二十四小时待命，那么这些建议中的一些听起来就特别可笑。老实说，无论是何种工作，我都不赞成让员工这么辛苦，但我知道这种情况会发生。尽管如此，仍然会有一些同事比别人更积极，而你要确保自己并非其中之一。如果你喜欢这份工作，那就行。如果工作不能使你快乐，你可能就需要和老板谈谈什么参数对你们双方都适用，如果他不想让你离职或不想让你将来某一时刻产生职业倦怠的话。

———————

如果你同意今天工作到很晚，
你的老板就会认为下周
再让你加班是可以的。

法则
098

让你的思维和身体保持同步

你是那种一觉醒来就一下子进入状态的人吗？你会在起床前查看电子邮件、在洗澡时考虑第一次会议、在出门时狼吞虎咽地吃一片吐司吗？很多人都是这样做的。我们几乎没有意识到自己在做洗漱、穿衣、吃早餐这一系列动作，因为我们的大脑比我们的身体提前了一个小时。

这很容易做到，尤其是在生活繁忙或工作要求高的时候。但你其实并没有活在当下，对吗？你可能认为自己每天工作八个小时，但你可以在开始时再加一两个小时。而且大多数情况下，这一两个小时内你也没干成什么。说实话，你在洗澡或清洁牙齿期间，能完成多少工作呢？那封电子邮件真的如此紧急，以至于不能等到上午九点才回复吗？

工作越是有压力或挑战时，你就越是不能这样做，这一点非常重要。这样做的话，你就是不给自己喘息的空间，不给自己在一天开始时放松、冷静的时间，你甚至也没干成什么。因此，要让自己的大脑和身体同在。把心思放在居家生活上，专心享受你的淋浴或早餐，专心陪伴你的伴侣或孩子。

你不必为了这样做而早起——天知道，我不是一个建议任何人早起的人，除非你迫不得已。不，我可不是一个早起的人。因此，除非你愿意，否则不需要改变你的生活习惯。你只需知道当你在做这件事时，你的大脑在哪里。不要为一天中尚未发生的事情而担心，这样做不仅没有结果，而且对你的心理健康也不利。

理想的情况是，只有在到了单位后才开始考虑工作的问题。毕竟，在你没上班之前，他们不会付你工资，那你为什么要这样做呢？你可以在公共汽车上看书，在车上听播客，走路或骑车时享受天气。

偶尔也会有一天，你本来应该休息，但当天却有一场重要的面试或演讲，你想为其做好心理准备，我很欣赏你的做法，不过这种情况应该很罕见，而且这时候，你会特别高效地利用时间——计划或排练，而不是担心和焦虑。

你还在担心那封要到上午九点才能回复的邮件吗？好了，不要这样。首先，要记住，你并不知道它的存在，因为你在上班前没看邮件。接下来是让身体和大脑保持同步的第二步：开始上班后，给自己一些时间来进入状态。如果你能安排自己的一天的话，可以先留出三十分钟或一个小时为一天的工作做准备，把所有紧急的事情处理好。好，现在你可以查看电子邮件了。你的同事会知道：除非有紧急的事情，否则你在上午九点三十分之前是没有时间的。如果你的单位准时开工，而你对此又无能为力，那就试着提前半小时上班，这样你就可以在一天的工作开始前安静地理清头绪。哦，好吧，你可能不得不早起一点——对此我深表同情——但你知道吗，你会感觉好得多。我自己在从事某些工作时也不得不这样做，（悄悄地说）这仍然是值得的。

理想的情况是，只有在到了单位后
才开始考虑工作的问题。

法则
099

重新分配你们的家务事

如果你和伴侣一起生活，退休将对你们的关系产生很大影响。我见过夫妻关系因退休而遭到破坏甚至导致离婚的情况，也见过夫妻关系因退休而更紧密的情况。确保实现后者的方法是夫妻共同思考可能的后果，并制定一套新的基本规则——哦，一定要灵活，因为有些事情可能不会像你期望的那样。与所有良好的关系一样，沟通至关重要。

这些新的基本规则是什么？嗯，这取决于你们，但据我观察，有些领域往往需要改变，我可以给你们一些思路。最关键的也许就是家里的分工，如果你们中的一个有一段时间没出去工作，就更棘手。

我发现，如果在退休前你们平均分配整个工作量，这种情况下出现的问题最大：你们中的一个人出去赚钱，而另一个人则承包了家里的全部家务——洗衣、购物、清洁和烹饪。对你们两个人来说，这是一个合理的分工方式，可以让家庭这个单位顺利运行。当这种工作量中 50% 的挣钱份额消失时，合乎逻辑的安排是将另外 50% 的工作量在组合中的两个成员之间平等地重新分配。如果没做到这一点，就会出现问题，因为如果留在家里的那个成员依然要像以前那样继续干家务，他 / 她付出的一下子就多了，会感觉非常不公平。所以，如果你是那个退休的人，就必须认识到需要承担家务的新责任。

但是——这个转折可真大——如果留在家里的那个成员认为他 / 她只是多了个小助理，可以听从自己的吩咐，那么他 / 她就可能会引起对方反感。没人愿意从管理一个部门沦落到被告知他们没有"正确地"用吸尘器打扫卫生。

移交责任领域并不容易——即使你接受了分担工作量的想法，但至关重要的是，你必须完全移交责任，而不是仅仅下放任务。在开始之前，你们俩要商定你们认为可行的分工，然后要灵活处理，不断审查。如果你知道自己无法忍受别人在"你的"厨房里忙活，或者你认为所有无聊的家务都分给了你，就要诚实地说出来。

你们还需要了解其他方面的情况，如你们有多少时间在一起、用这些时间做什么。现在你们大部分时间都待在家里了，那么你们要了解各自需要多少隐私。你可能需要开辟自己的空间，或者也许只有一个人可能做到这一点。不必为每个人都制定相同的规则，除非你们想这样。

当你们两人几乎同时退休时，可能最容易使退休这件事顺利进行。但无论如何，你们都完全有可能实现向快乐和成功的退休生活的转变，只要你们双方努力保持一致，并定期交流情况，在出现任何保留意见时说出来。最重要的是，无论你是否是退休的那个人，都要清楚地了解对方的观点。

———————

没人愿意从管理一个部门沦落到被告知他们没有"正确地"用吸尘器打扫卫生。

法则
100

可以原谅，但不会遗忘

你还在生谁的气，或者也许只是在暗中强忍怒火？谁是你不想放过的人——不想接受他们的解释，不认为他们值得被原谅？他们要为对你或你所爱的人所做的事受到惩罚，而你则要继续对他们感到愤怒、痛苦或怨恨他们。也许你的父母是糟糕的父母，也许你的商业伙伴欺骗了你，也许你的孩子从不来看你，也许你的伴侣有了外遇。

有些人心怀很多怨恨，有些人只有一两个主要的怨恨对象。我们很容易觉得，只要你怀恨在心，或继续追究责任，或继续重温伤害，你就可以继续惩罚那个对不起你的人。但是等一下，你到底在惩罚谁？要我说，最受折磨的人是你。愤怒、苦涩、怨恨的感觉并不好。它们在你的脑子里嗡嗡作响，像是一群刺蜂。你已经被伤害得够深了，凭什么还要忍受这种感觉？

我们很容易拒绝原谅某人，因为我们觉得这样做等于在说他们的过错并不重要，或是被遗忘了。他们的过错当然很重要，而且原谅某人并不是说你会忘记——"原谅和忘记"这个说法有很多需要解释的地方。这两者绝非必须要联系在一起。原谅最终与接受有关[⊖]，这是为了你自己，而不是为了他们。一旦你承认无法改变过去，就必须要找到一种方法来与之共存并适应它，你会感到更自由、更快乐，这正是你应得的。

你甚至不需要告诉对方你已经原谅了他们——如果你曾经让他们知道你对他们生气的话。

你可能从未告诉过父母，你为自己不快乐的童年怪罪他们。此外，你可能因为朋友对待你的方式而与他们大吵大闹。但这与他们无关，所以一旦你原谅了他们，如何处理这些信息就取决于你了。无论如何，你不会忘记童年，也不会再像从前那样信任你的朋友。但你已经接受了过去。

就我个人而言，一旦我从我母亲的角度看我的童年时代，我就学会了原谅她。我意识到她自己可能就不快乐，不适合做母亲（尤其是独自带六个孩子），也没想过要考虑她的方法可能对我们这些孩子的影响——公平地说，在 20 世纪五六十年代，父母几乎没有考虑过这一点。一点点理解可以起很大作用，让你接受别人的行为，而不必为其辩解。

因此，你要表现出一点善意和体谅……对自己。找到一种方

⊖ 参考《活好：为你自己活一次》之法则 096：接受事实，改变自己。

法来接受已经发生的事情，把它留在过去。不是忘记，而是接受。关闭文件，安全地存档，当你需要的时候可以看看它，而不必翻来覆去地重新整理它。啊哈，这感觉不是更好吗？

你会感到更自由、更快乐，
这正是你应得的。

懂得何时该打破法则

这实际上是第一本法则书《工作：从平凡到非凡》中的最后一条法则，它获得了读者的多项提名。不过，它适用于该系列的每一本书，所以我认为在此将其作为结束语，会对你有帮助。

生活不会按照一个整齐的、无懈可击的公式运行。有时会发生意想不到的事情。真正的"法则玩家"有信心、有理解力、处变不惊，他们能够认识到这些时刻并能打破法则。

我遇到的许多优秀而坚定的"法则玩家"一开始都会盲目地照搬每一条法则。刚开始的时候，这是一个明智的做法。毕竟，另外一种心态是坚信"我能搞定这个"，这当然不可能。没有人会觉得什么事做起来都不费吹灰之力。我们可能很清楚自己应该做什么，但这并不总是意味着它很容易做。有时我们甚至都不确定该走哪条路。

所以，一开始你务必要认真对待每一条法则。这是最基本的要求。不过，随着你在"法则玩家"这条路上变得越来越自如、自信，并开始培养出了一些良好的本能，能按法则行事，你就可以放松一点。许多法则会成为你的本能，你无须再考虑它们。一旦达到这个阶段，你会发现，偶尔（只是偶尔），某条法则的确不太合适。

因为自己特别不愿意遵守某条法则而说服自己这条法则不合适，这样做对你是没有用的。你要思路清晰、客观。不过，当你的直觉的确告诉你要打破某条法则时，那就去做吧。

就我个人而言，我发现很少有必要打破法则。这种事情不会每天发生，甚至不会每周发生（至少不会刻意发生——当然，我不是完美的，我仍然会回顾我的一天，觉得我应该把其中的某些部分处理得更好）。但我确实偶尔会打破法则。比如，"法则玩家"从不在公共场合故意贬低他人，但我在生活中曾有两次遇到我必须在公共场合贬低的人，以便阻止他们对其他人这样做，我很乐意效劳。

瞧，归根结底，这跟你的感受有关。遵守法则，直到它们在你的大脑中根深蒂固，成为你的本能，然后你就相信自己的本能即可。如果你不时地回顾这些法则（不仅是这些法则，还有你在生活中遇到的其他法则）以确保没有忘记或曲解它们，并对你认为棘手的法则进行研究，你就可以确信：最终，你的直觉将比任何一本书都更适合你。

遵守法则，直到它们在你的大脑中根深蒂固，
成为你的本能，然后你就相信自己的本能即可。

创造自己的法则

请记住，很多人都会观察其他人，然后发现：对他人有用的东西也可能对自己有用。我也是这些人之一。因此，请留意新的法则，如果你发现某条法则未在本书中列出，请记下它。把这些你想遵守的新法则列个清单，保留好，把它们写下来。你也可以分享它们，这样大家都会受益。

如果你不知道什么是好的法则，我这里有一个指导原则，那就是它（几乎）在所有情况下对各类人都有效。它并非只是一个方便的技巧或有用的提示（比如，利用彩色贴纸来让自己更有序，或者把汽车除冰剂放在家里而不是车上，反正你在家的时候总是需要它，这样包装瓶就不会被冻坏）。尽管这些提示很有用，但它们并不是我所说的法则。一个好的法则可以改变你的态度或转变你的心态，这样你就会从不同的角度处理问题或情况。

独享这些新法则乎是一种遗憾，所以请随时与其他人分享它们。

当你想要分享某条法则时，最好能解释一下这条法则，然后举一两个例子，让其他人看看它如何在实践中发挥作用以帮助人们了解如何将其应用于自己的生活。

法则就是法则，不管记下它的人是我、你还是其他任何人，都没有关系（其实，如果还没有人发现它，也没有关系，它依然是一条法则）。如果它不仅对你有效，而且对其他人也有效，那么它就值得分享。因此，请将你的新法则分享给我，没准我会在将来某个时候把其中最棒的一些收集起来。